"十三五"国家重点图书出版规划项目

画说三农书系

画说棚室豆角绿色生产技术

中国农业科学院组织编写

薛其勤 编著

中国农业科学技术出版社

图书在版编目（CIP）数据

　　画说棚室豆角绿色生产技术 / 薛其勤编著 . — 北京：
中国农业科学技术出版社，2019.1
　　ISBN 978-7-5116-3725-3

　　Ⅰ . ①画… Ⅱ . ①薛… Ⅲ . ①菜豆—温室栽培—图解
Ⅳ . ① S626.5-64

　　中国版本图书馆 CIP 数据核字 (2018) 第 111083 号

责任编辑　闫庆健　陶　莲
责任校对　马广洋

出 版 者　中国农业科学技术出版社
　　　　　北京市中关村南大街 12 号　邮编：100081
电　　话　（010）82109708（编辑室）（010）82109702（发行部）
　　　　　（010）82109709（读者服务部）
传　　真　（010）82106650
网　　址　http://www.castp.cn
经 销 者　各地新华书店
印 刷 者　北京地大天成文化发展有限公司
开　　本　880mm×1 230mm　1 /32
印　　张　4
字　　数　115 千字
版　　次　2019 年 1 月第 1 版　2021 年 1 月第 5 次印刷
定　　价　28.00 元

编委会

《画说『三农』书系》

主　任	张合成
副主任	李金祥　　王汉中　　贾广东
委　员	

贾敬敦	杨雄年	王守聪	范　军
高士军	任天志	贡锡锋	王述民
冯东昕	杨永坤	刘春明	孙日飞
秦玉昌	王加启	戴小枫	袁龙江
周清波	孙　坦	汪飞杰	王东阳
程式华	陈万权	曹永生	殷　宏
陈巧敏	骆建忠	张应禄	李志平

序言

《画说『三农』书系》

　　农业、农村和农民问题，是关系国计民生的根本性问题。农业强不强、农村美不美、农民富不富，决定着亿万农民的获得感和幸福感，决定着我国全面小康社会的成色和社会主义现代化的质量。必须立足国情、农情，切实增强责任感、使命感和紧迫感，竭尽全力，以更大的决心、更明确的目标、更有力的举措推动农业全面升级、农村全面进步、农民全面发展，谱写乡村振兴的新篇章。

　　中国农业科学院是国家综合性农业科研机构，担负着全国农业重大基础与应用基础研究、应用研究和高新技术研究的任务，致力于解决我国农业及农村经济发展中战略性、全局性、关键性、基础性重大科技问题。根据习总书记"三个面向""两个一流""一个整体跃升"的指示精神，中国农业科学院面向世界农业科技前沿、面向国家重大需求、面向现代农业建设主战场，组织实施"科技创新工程"，加快建设世界一流学科和一流科研院所，勇攀高峰，率先跨越；牵头组建国家农业科技创新联盟，联合各级农业科研院所、高校、企业和农业生产组织，共同推动我国农业科技整体跃升，为乡村振兴提供强大的科技支撑。

组织编写《画说"三农"书系》，是中国农业科学院在新时代加快普及现代农业科技知识，帮助农民职业化发展的重要举措。我们在全国范围遴选优秀专家，组织编写农民朋友用得上、喜欢看的系列图书，图文并茂展示先进、实用的农业科技知识，希望能为农民朋友提升技能、发展产业、振兴乡村做出贡献。

中国农业科学院党组书记 张合成

2018 年 10 月 1 日

内容提要

《画说棚室豆角绿色生产技术》

《画说棚室豆角绿色生产技术》一书，系统介绍了棚室豆角（豇豆）绿色生产关键技术。内容包括：绪论，豆角的生物学基础，豆角棚室的选址与建造，豆角品种选购与优良品种介绍，棚室豆角栽培管理技术，豆角主要病虫害的识别与防治，棚室豆角的采后处理、储藏和深加工技术，豆角良种繁殖等。该书采用图文结合的形式，内容活泼生动，通俗易懂，介绍的技术实用先进。可供基层农业技术人员和广大菜农阅读参考。

《画说棚室豆角绿色生产技术》受到了潍坊科技学院和"十三五"山东省高等学校重点实验室设施园艺实验室的项目支持，在此表示感谢！

目 录

第一章 绪论

第一节 豆角概述

豆角是各种豆科植物果实的统称，其中包括豇豆（图 1-1-1菜豆（图 1-1-2）、扁豆（图 1-1-3）等，但一般特指豇豆。豇豆在很多地方直接被叫作豆角，特别是在北方地区豆角特指长豇豆，在有的地方为了和传统的豆角区别，叫豇豆为长豆角。本书主要介绍棚室长豆角（豇豆）绿色生产技术。

图 1-1-1 豆角（长豇豆）

豆角隶属蝶形花科菜豆族菜豆亚族豇豆属，该属约有 150 个种。豆角作为全球范围内最重要的豆类作物之一，广泛栽培于热带亚热带地区和部分温带地区如非洲、亚洲、南美洲、地中海盆地和美国南部。我国是长豇豆的主要生产和消费国之一，年栽培面积约占世界的 1/5。

图 1-1-2 菜豆

图 1-1-3 扁豆

第二节 豆角的起源与传播

豆角（豇豆）的野生类型广泛分布于热带非洲和马达加斯加，在亚洲没有分布，因此豆角起源于非洲的说法得到一致认同。一般认为豆角起源于热带非洲，在早期通过埃及和其他阿拉伯国家传至亚洲及地中海区域。公元前 1500 到前 1000 年传入亚洲和印度，并演化出短豆角和长豆角两个亚种，它们从印度传到南亚和远东，再传入欧洲。

我国关于豆角的最早记载见于公元 3 世纪初张楫撰写的《广雅》中，我国种类约占本属种类的 1/10。长豆角主要分布于印度、东南亚和中国等地，我国是长豆角次生起源中心，栽培历史悠久，品种资源十分丰富，近年来又从国外引进了一些优良品种。关于豆角品种分类最早主要依据质量性状，如李曙轩根据种子性状、颜色等将我国普通豆角、短荚豆角分为 11 类；王素综合荚形和荚色将长豆角分为 6 个品种群；1990 年出版的《中国农业百科全书·蔬菜卷》仍沿用荚色划分法。后又将数量分类学方法应用于豆角分类研究中，如张渭章等对 39 份长豆角品种的 14 个重要农艺性状进行聚类分析，将长豆角分为三个性状组；李耀华等 (1997) 对来自国内外的 120 个豆角品种的 16 个性状进行聚类分析，将豆角分为 4 个品种群和 8 个品种亚群。

第三节 豆角生产的重要性

豆角（豇豆），是夏天盛产的蔬菜。豆角含有各种维生素和矿物质等营养。嫩豆荚肉质肥厚，炒食脆嫩（图 1-3-1），也可烫后凉拌或腌泡（图 1-3-2）。豆荚长而像管状，质脆而身软，常见有白豆角和青豆角两种。豆角不仅营养价值高，还具有很好的食疗效果。

一、豆角营养价值

豆角的嫩荚，营养丰富，鲜嫩味美。每 500 克鲜荚含蛋白质 11.4 克、糖类 19 克、脂肪 1.0 克、粗纤维 6.7 克、无机盐 2.9 克、

图 1-3-1　炒豆角

图 1-3-2　凉拌豆角

胡萝卜素 4.23 毫克、硫胺素 0.43 毫克、维生素 B_2 0.38 毫克、烟酸 4.8 毫克、维生素 C 90 毫克及钙 252 毫克、磷 299 毫克、铁 4.8 毫克、热量 548 千焦。耐贮藏，易运输，货架期长，深受客商欢迎。嫩荚既可以炒食，也可以凉拌和腌渍、制干。老熟的豆荚也可蒸食，子粒可与米混煮或作豆馅使用，也很受大众的欢迎。

豆角所含的丰富维生素 B、C 和植物蛋白质，能使人头脑宁静，调理消化系统，消除胸膈胀满。可防治急性肠胃炎，呕吐腹泻。有解渴健脾、补肾止泄、益气生津的功效。豆角含有较多的优质蛋白和不饱和脂肪酸（好的脂肪），矿物质和维生素含量也高于其他蔬菜，它们还具有重要的药用价值。中医认为，豆类蔬菜的共性是性平、有化湿补脾的功效，对脾胃虚弱的人尤其适合。但是，根据种类的不同，它们的食疗作用也有所区别。

豆角除了有健脾、和胃的作用外，最重要的是能够补肾。李时珍曾称赞它能够"理中益气，补肾健胃，和五脏，调营卫，生精髓"。所谓"营卫"，就是中医所说的营卫二气，调整好了，可充分保证人的睡眠质量。此外，多吃豆角还能治疗呕吐、打嗝等不适。小孩食积、气胀的时候，用生豆角适量，细嚼后咽下，可以起到一定的缓解作用。

二、营养分析

第一，豆角提供了易于消化吸收的优质蛋白质，适量的碳水化合物及多种维生素、微量元素等，可补充机体的招牌营养素。

第二，豆角所含 B 族维生素能维持正常的消化腺分泌和胃肠道蠕动的功能，抑制胆碱酶活性，可帮助消化，增进食欲。

第三，豆角中所含维生素 C 能促进抗体的合成，提高机体抗病毒的作用。

第四，豆角的磷脂有促进胰岛素分泌，参加糖代谢的作用，是糖尿病人的理想食品。

第四节　豆角生产现状及存在的问题

豆角营养丰富，蛋白质含量高，富含纤维素、碳水化合物、维生素和铁、磷、钙等矿质营养元素，且适应性强、栽培范围广，是我国春夏秋季节主要的上市蔬菜种类之一。我国长豆角种植分布面积广，除青海和西藏外，全国各省市区均有种植。近年来，我国长豆角种植面积维持在 33 万公顷以上。河北、河南、江苏、浙江、安徽、四川、重庆、湖北、湖南、广西壮族自治区等地每年栽培面积超过 1 万公顷，并形成了浙江丽水、江西丰城、湖北双柳等面积超过 1 000 公顷的大型专业化长豆角生产基地。每 1 公顷产量以北京、天津、河北、山西、内蒙古自治区等华北地区最高，正常年份在 30 吨以上；其次为东北地区，接近 30 吨；上海、江苏、浙江、安徽、福建、江西、山东、河南等地也在 20 吨以上。

我国长豆角的品种资源丰富，拥有种质资源近千份，在育种方面也取得了很大进展。由于新优品种的不断推广，以及育苗移栽、地膜覆盖、温室大棚等技术的广泛应用，长豆角品质和产量有了较大提高。近年来，脱水、速冻、腌制长豆角等加工业的发展和出口有了长足发展，为适应国内外需求，我国长豆角的生产规模将有望持续增长。但我国豆角生产还存在一些问题，主要体现在以下方面。

一、良种普及程度不高

目前生产上豆角品种良种覆盖率偏低，农家品种繁多，农家品种在生产中仍占据一定的比例和市场份额；这些地方品种效益较低，加上许多种植户仍采用自行留种方式，没有相应采取提纯复壮措施，从而因机械混杂、生物学混杂或自然变异等原因导致品种的种性退化十分严重。

二、品种单一，满足不了市场需求

蔬菜主产区豆角品种结构还比较单调，缺乏优良矮生型豆角品种，荚色类型也不多，存在对新特优品种的强烈需求。目前大量种植的是蔓生型豆角品种，特别是其中的油青色豆荚的早熟品种比较多，而紫红色豆荚和白色豆荚的品种相对较少。矮生型豆角适于大面积连片栽培，节省架材，便于机械化操作，发展前景看好；但目前在当地优良的品种匮乏，品质较差，熟性偏迟，荚色单一。

三、育繁推体系不健全

由于缺乏育繁推体系和专业供种单位，许多农民采用自家留的农家种，种子质量难以保证，形成品种多、乱、杂局面，优质良种难以在生产中推广应用，从而制约了豆角产量和质量的提高，导致种植户经济效益降低。

四、栽培技术落后，高产高效示范基地少

受多方因素的制约，豆角高产高效示范基地少，良种良法不配套，成果转化速度慢，应用新品种新技术的辐射、带动力差。部分农户以传统种植方式进行豆角生产，耕作粗放，水肥管理不科学，病虫防治重视不够，造成产量、品质下降，以致好品种不能发挥出好效益，制约了豆角生产的发展。

五、加工企业少，产品销路狭窄

目前豆角加工仅限于干制、腌制等小作坊加工。而大量产品只能依赖本地鲜荚销售，且无储藏保鲜设施，给种植户带来了较大风险，严重制约了豆角产业化发展。

六、无公害生产意识不强

在豆角生产过程中，滥用化肥、农药等现象严重，造成部分产品品质不佳。甚至出现了一些农残招标致人中毒的事件，对豆角的生产和销售造成了极坏的影响，也影响了整个豆角产业的发展，虽然各地编制了《无公害农产品豆角生产技术规程》，但在实际中真正贯彻应用甚少。

近年来豆角的大棚栽培面积不断增加，而相应的大棚豆角绿色生产技术不够系统、完善，针对这些问题，本书主要介绍了豆角的生物学基础、豆角棚室的选址与建造、豆角品种选购与优良品种介绍、棚室豆角栽培管理技术、豆角主要病虫害的识别与防治和棚室豆角的采后处理、贮藏和深加工等方面，以期为大棚豆角高效绿色栽培提供技术参考。

第二章　豆角的生物学基础

栽培技术通俗来说，就是给植物生长提供合适的土、肥、水、温、光、气等条件，并根据植物的生长特性调节其生长平衡和生长中心的一系列措施和方法。因此，要想种好豆角，一是要了解它的特性、适宜生长的条件；二是知道怎样利用它的特性、怎样提供这些条件。

第一节　豆角的植物学特征

一、根

豆角的根系都有不同形状和质量的根瘤共生，有从空气中固氮的作用，栽培豆类作物，能提高土壤肥力。豆角根系较发达，主根深20~80厘米，主要分布在15~18厘米的土层中，能吸收土壤下层的水分，比较耐旱。土壤湿度过高时，根瘤菌活动能力降低，固氮作用变差。根系的木栓化程度较高，侧根再生能力较弱，有根瘤共生（图2-1-1）。因此，栽培上以直播为主，温室大棚早熟栽培可在各种保护地育苗。

图2-1-1　豆角根系

二、茎（蔓）

豆角属无限生长类型，主蔓长度一般是3~4米，25节左右，但也有30节以上的植株。总的来说，早熟品种蔓短，节少；晚熟品种相反，蔓长而节多。低节位的节间短，有的仅2厘米左右，随着节位升高而节间相应地延长，最长者可达 33 厘米左右，多在第 10~13 节，往上节间逐渐缩短。日平均增长量为 3.9~7.4 厘米。侧蔓相较于主蔓，节间短，节数少，蔓径也更小。茎（蔓）近无毛（图 2-1-2）。

图 2-1-2　豆角茎（蔓）

三、叶

叶为三出复叶，羽状复叶具 3 小叶；托叶披针形，长约 1 厘米，着生处下延成一短距，有线纹；小叶卵状菱形，长 5~15 厘米，宽 4~6 厘米，先端急尖，边全缘或近全缘，有时淡紫色，无毛（图 2-1-3）。

四、花

总状花序腋生，具长梗；花 2~6 朵聚生于花序的顶端，花梗间常有肉质密腺；花萼浅绿色，钟状，长 6~10 毫米，裂齿披针形；花冠黄白色而略带青紫，长约 2 厘米，各瓣均具瓣柄，旗瓣扁圆形，宽约 2 厘米，顶端微凹，基部稍有耳，翼瓣略呈三角形，龙骨瓣稍弯；子房线形，被毛。

豆角全株的开花习性：豆角 2~3 片复叶展开时，在一般情况下，其腋芽就转变为花序芽，花序轴原始体逐渐分化为花序和花。总状花序轴分化过程中，顶部逐渐肥大，每节各生一花，由于花序轴节间很短，相邻两花靠拢，貌似二花。

图 2-1-3　豆角叶

（图 2-1-4、图 2-1-5）通常基部二花，结成一对果，在营养条件良好时，第 3~4 朵花也能结果，但较第一对果小。全株的开花顺序，通常是主蔓上第 3~4 节花序上的花先开，侧蔓上的较主蔓

的后开，然后主、侧蔓上的花陆续向上开放。主、侧蔓开花相应
关系是主蔓第 8~9 节开花时，侧蔓上第 1~2 花序才同时开放。主
蔓花序多集中于 8~15 节上，侧蔓则集中在 1~8 节上，这就为打顶、
摘心、抹芽提供了可靠的依据。

图 2-1-4　豆角花（一）

图 2-1-5　豆角花（二）

五、果实

　　荚果下垂，直立或斜展，线形，长 7.5~90 厘米，宽 6~10
毫米，稍肉质而膨胀或坚实，果荚有青、绿、浅绿、紫等色，每
荚含 8~20 粒种子（图 2-1-6、图 2-1-7）。

图 2-1-6　豆角果实

图 2-1-7　收获的豆角果实

现荚后 8~9 天内，果实生长很快，每天增加长度达 4~8 厘米。开花传粉至蔬食期为两周左右，这时果实的长度和粗细基本定局，荚果平均长度为 50 厘米左右。最长者可接近 100 厘米，每条干果平均重 2.5~4.3 克。

六、种子

长椭圆形或圆柱形或稍肾形，长 6~12 毫米，黄白色、暗红色、黑色或其他颜色见（图 2-1-8 至图 2-1-12）。

图 2-1-8 豆角种子（一）

图 2-1-9 豆角种子（二）

图 2-1-10 豆角种子（三）

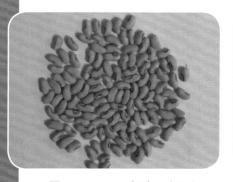

图 2-1-11 豆角种子（四）

图 2-1-12 豆角种子（五）

豆角种子萌发的最适温度为 25~30℃，种子萌发需要吸收 50%~60% 的水分后才能萌发，种子吸足水分后，出土萌发，气温在 25℃左右，齐苗需 6~7 天。

第二节　豆角的生长发育周期

豆角自播种至嫩荚采收结束需 90~120 天。从种子萌发到结出新种子需 110~140 天，需经过发芽期、幼苗期、抽蔓期和开花结荚期。

一、发芽期

从种子萌动到真叶展开进行独立生活为止为发芽期。此期各器官生长所需的营养主要由子叶供应。真叶展开后开始光合作用，由异养生长转换为自养生长，所以初始的一对真叶是非常重要的，应注意保护，不能损伤或虫咬。发芽期需 6~8 天（图 2-2-1、图 2-2-2）。

图 2-2-1　豆角发芽期　　　　图 2-2-2　刚发芽的豆角

二、幼苗期

从幼苗独立生活到抽蔓前（矮生品种到开花）为幼苗期。此期以营养生长为主，同时开始花芽分化，茎部节间短，地下部生

图 2-2-3　豆角幼苗期

长快于地上部，根系开始木栓化。幼苗期需 15~20 天（图 2-2-3）。

三、抽蔓期

幼苗期后（即 7~8 片复叶后）主蔓迅速伸长，同时在基部节位抽出侧蔓，根系也迅速生长，并形成根瘤。抽蔓期需 10~15 天（图 2-2-4、图 2-2-5）。

图 2-2-4　豆角抽蔓期（一）

图 2-2-5　豆角抽蔓期（二）

四、开花结荚期

从现蕾开始到采收结束为开花结荚期。此期的长短因品种、栽培季节和栽培条件的不同而有很大差异，短的 45 天，长的可达 70 天。此期开花结荚与茎蔓生长同时进行。植株在此期需要大量养分和水分，以及充足的光照和适宜的温度（图 2-2-6）。

图 2-2-6　豆角开花结荚期

第三节　豆角对环境条件的要求

棚室豆角绿色栽培技术包括土、肥、水、种、温、光、气、药八个部分，其中"种"是技术的核心，其他七个因素都是外部条件，必须围绕"种"来转。所以，种植前必须了解豆角对各个环境条件的要求。

一、土壤和矿物质营养

要想使豆角获得高产，首先对土壤有一定的要求，在富含有机质、透气性良好、无病虫害和有害物质、既保肥保水又排水良好的壤土栽培，才能获得较高的产量（图2-3-1）。长豆角同菜豆一样不宜连作，应实行2~3年轮作。

豆角对肥料的要求不高，在植株生长前期，由于根瘤尚未充分发育，固氮能力弱，应该适量供应氮肥。开花结荚后，植株对磷、钾元素的需要量增加，根瘤菌的固氮能力增强，这个时期由于营养生长与生殖生长并进，对各种营养元素的需求量增加。相关的研究表明：每生产1 000千克豆角，需要纯氮10.2千克，五氧化二磷4.4千克，氧化钾9.7千克，但是因为根瘤菌的固氮作用，豆角生长过程中需钾

图2-3-1　大棚种植豆角的土壤

素营养最多，磷素营养次之，氮素营养相对较少。因此，在豆角栽培中应适当控制水肥，适量施氮，增施磷、钾肥。

二、温度

豆角喜温耐热，不耐霜冻，整个生育期需在无霜的条件下进行（图2-3-2）。种子发芽的最低温度为10℃，最适宜温度为25~30℃。根毛生长的最低温度为14℃，植株生长发育的适宜温

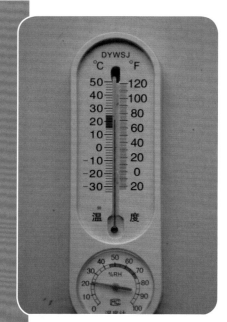

图 2-3-2　温湿度计

度为 20~25℃。植株能在 30~40℃ 的温度下生长。开花结荚的适宜温度为 25~28℃，气温 35℃ 也能正常结荚，而在 15℃ 以下幼荚生长缓慢。植株在 5℃ 以下可受冻害，0℃ 时茎叶会枯死。豆角一般适于夏季栽培，在结荚期遇到 35℃ 以上的高温天气，植株虽可正常生长，但授粉不良，不易坐荚或容易落花，单株结荚数减少，荚内结子数降低，产量下降，出现生长上所谓的"歇伏现象"。在较长时间的高温下，也会使嫩荚生长粗短，纤维增多，品质下降。

三、光照

豆角属短日照作物，但多数品种对日照长短要求不严格，有一定的耐阴能力，叶片光合作用强。开花结荚期要求充足的光照条件。适当缩短日照能降低花序的坐花位置，提早开花结荚，提高早期产量。豆角品种一般都可在全国各地相互引种。在生产上有的北方长日照地区的一些品种，引入南方栽培，生育期有所提前，提早开花结荚。南方的短日照品种引入北方则表现出开花期推迟，结荚变晚。多数品种对日照长短的要求不严格，不论日照长短，均能正常开花结荚。相比较而言，矮生品种对日照的长短反应较敏感。蔓生品种要求较强的光照。尤其是开花结荚期，具有强的光照，是获取高产的重要条件。

四、水分

豆角根系吸水力强，叶片小，蒸发少，抗旱能力强。生长发育期适宜的空气相对湿度为 55%~60%。种子播种后，土壤湿润，才能保证种子吸水膨胀、萌芽、出苗。幼苗期，要控制浇水，进行蹲苗,抑制地上部徒长,促进根系生长。开花期要有足够的水分,满足植株生长和开花结荚的需要。开花盛期不宜浇大水,大水容易引起落花落荚。豆角的生长期水分过多,影响根系发育,抑制地上部生长,或引起根系发病,造成落花落荚。在管理上要做到适时浇水。田间积水会导致根系窒息、发病,引起叶片变黄,落叶,甚至枯萎死亡。

五、空气

豆角生长期适宜的空气相对湿度为 55% ~60%。空气湿度低于 55% 对其生长不利;但湿度较高时虽然利于豆角的生长发育,但易诱发病害的发生(图 2-3-3)。棚室栽培尤其注意调节好湿度。

豆角根系需氧量大,如果土壤板结透气性不好,会影响根系的生长发育,所以要多施充分腐熟的有机肥改良土壤,增强土壤透气性,尤其是种植了多年已经发生盐渍化的土壤,更应该施入生物菌肥,以降低土壤的含盐浓度。

二氧化碳是豆角进行光合作用的重要原料之一,在一定范围内,二氧化碳浓度越高,光合作用越旺盛,所以在棚内增施二

图 2-3-3 湿度过大引起的豆角煤霉病

氧化碳能够提高豆角的产量和品质,同时能增加豆角的抗逆能力。

目前的新型日光温室,保温提温性能好,太阳出来后很快可以通风,无须人工施用二氧化碳。而对于低矮、性能不佳的棚室,难提温,难通风,因此需要及时补充二氧化碳。目前生产中比较常见的是增施有机肥,将秸秆和畜禽粪便混拌堆沤,通过微生物酵解产生二氧化碳,缓慢持续不断地补充到大棚内,供给蔬菜生长发育的需要。也可施用固体二氧化碳颗粒气肥,一般将固体二氧化碳颗粒气肥施入地表或浅埋土中施用,借助光温效应自行潮

解释放二氧化碳。亩用量 50 吨。施用时勿靠近菜根部，使用后不要用大水漫灌，以免影响二氧化碳气体的释放。还可采用化学反应法增施二氧化碳，采用二氧化碳发生器，每亩用碳酸氢铵 3.5 千克，加固体硫酸 2.9 千克 (含量 70%)，再缓缓滴入清水 4 千克，产生二氧化碳气体，用后闷棚 1.5 小时后开口放气。

第三章 豆角棚室的选址与建造

第一节 豆角棚室的选址

建造大棚的场地应地势平坦，向阳，场地东、西、南无高大建筑物树木遮阴。不仅仅是这些障碍物的阴影不能遮住温室，而且实践证明，温室周围5米以内的土壤最好也不被遮阴，以防止土温过低加速温室内土壤向外的热传导。在山区，建棚处应避开风口，坡地处建棚应在南坡。建棚处土壤要肥沃，排水良好，地下水位低。

土壤要疏松肥沃，地下水位低。建造日光温室（冬暖式大棚）必须选择地势高且富含有机质的壤土或沙壤土。在温室的建造过程中，要避开河套、山川等山口风道，这些地方在冬春季节也往往是风道口，易发生风灾。靠近道路的地段，经常尘土飞扬，烟囱排放出大量的烟尘，污染空气，同时也会给温室薄膜造成严重的尘土污染，所以在建造日光温室（冬暖式大棚）时，必须远离尘土污染严重的地带。温室建设场地最好靠近水源和电源。

在温室建造过程中，要充分利用地形，靠近交通要道和村庄，以利于生产管理和销售。温室最好建于村南，利于村庄阻挡北风。有些菜农将温室建于向阳的坡地上，挖除一部分土后，利用坡地作后墙，同时也利用坡地挡风，但要注意在温室后1米处，挖一条超过当地冻土层厚度，宽25~30厘米的防寒沟，在沟内填实稻草或乱草，其上覆盖薄膜，膜上压土，以此隔断后墙传热。

大棚的方位确定：南北向大棚透光量比东西向大棚多5%~7%，光照分布均匀，棚内白天温度变化平缓。大棚多采用南北走向。南偏西角度在15°以内。当建设有后墙的大棚时，应采用东西走向（图3-1-1、图3-1-2）。

图 3-1-1　大棚（大拱棚）　　图 3-1-2　日光温室（冬暖式大棚）

第二节　常见塑料大棚类型及结构要求

目前较常见的大棚类型有：水泥立柱钢架结构大棚、组装式钢管结构大棚。

一、塑料大棚对棚形结构的要求

塑料大棚的结构要求安全、经济、有效、可靠。其结构要合理，骨架薄膜要牢固可靠。棚内温度、光照条件优良，通风降湿方便。为做到这些，首先，要求较高棚体，一般大型棚高度为 3 米，小型简易棚高为 2 米，依据需求具体选择。其次，大棚高度与宽度比例要合理。雨水少的地区，大棚可宽些，顶部可平些，高、宽比例为 1：（4~5）。在雨水较大的南方，要加大坡度，以利排水。另外，大棚断面要呈弧形，不宜有棱角，否则薄膜易损坏，易积水。

二、水泥立柱钢架大棚设计与建造技术

（一）大棚设计及建造基础知识

设计建造塑料大棚要综合考虑大棚的采光性、棚架的稳固性、空气的交换流动性、投入成本的经济划算、土地的集约利用和耕作整地的机械化应用等方面的问题。大棚的采光性能与覆盖物、大棚高度和拱杆材料有关，而稳固性与棚架材料、棚面的弧度、大棚高跨比和长跨比有密切关系。

1. 大棚高跨比

为减小风荷载，提高抗风能力，带肩的大棚高跨比为 0.12~0.20。高跨比的计算方法为：高跨比 =（顶高 – 肩高）/ 跨度，例如：大棚顶高 3.2 米、肩高 2.0 米、跨度 8.0 米，则该栋大棚的高跨比为 0.15。建造塑料大棚时，如跨度在 6~8 米，则肩高到顶高的高度为 0.8~1.2 米；如跨度在 9~12 米，则肩高到顶高的高度为 1.2~1.5 米。一般跨度越宽，则肩高到顶高的高度应相应增加。

2. 棚的方位、大小和布局

一般多采用南北为长、东西为宽的方位建造，这样建设的大棚光照分布均匀，受光量较东西向为长的棚采光好，据生产实践约高 5%~7%，白天温度变化比较平稳，抗风能力较强。大棚以长 40~60 米为宜，一般不超过 80 米。过长不便管理、牢固性降低和棚内通风效果差；单栋棚跨度一般 8~10 米，顶高 3.2~3.5 米，肩高 2.0~2.1 米，过高会造成棚内地表层光照不足、降低大棚的牢固性；棚与棚间东西向间距至少 2 米以上，南北间距 4 米以上。

3. 大棚场地选择

建造塑料大棚应选择地势平坦，土质疏松肥沃，地下水位低，光照充足，南、东、西三面没有遮光物体，有便利的灌溉条件和排水条件的地方。

（二）水泥立柱钢架大棚建设材料及主构件制作

1. 大棚建设材料

水泥立柱大棚建设材料主要为水泥预制柱、φ40 镀锌管材、φ20 镀锌管材、φ15 镀锌管材、槽钢、卡槽卡簧等。

2. 水泥预制柱浇铸

柱高 270 厘米，直径粗 11 厘米，内置 4 根 φ6 的钢筋，顶端钢筋露出 3 厘米，一般浇铸成圆形较好。

3. 焊制扇架上弦弧弓

采用 φ20 或 φ15 镀锌管，下弦拉筋采用 φ15 镀锌管，用 φ15 镀锌管做拉花；跨度为 8.0 米的扇架，上弦弧弓长 9.0 米，下弦拉筋长 8.0 米，煽架内置两个三角形结构拉花。

4. 侧面结构

侧面间隔 4.0 米安装 1 根水泥立柱，两根立柱间安装 2 根 φ15 镀锌管，间距 1.33 米，镀锌管与纵向梁条、卡槽焊接牢实。

5. 端面结构

端面 5 根水泥立柱，间隔 2.0 米一根，中柱高 3.9 米，下埋田面以下 0.7 米，田面到顶 3.2 米，肩柱高 2.7 米，下埋田面以下 0.7 米，田面到顶高 2.0 米，肩柱和中柱正中各安装一个水泥立柱，田面到顶高 2.9 米。水泥立柱顶焊接一道 φ15 镀锌管拱杆，肩高处水平焊接一道 φ15 镀锌管，并在其上焊接一道卡槽；距离立柱 1.0 米处竖向垂直安装 3 道 φ15 镀锌管，田面处水平焊接一道 φ15 镀锌管，并在其上焊接一道卡槽。

（三）单栋无中柱大棚建造

1. 棚型结构

单跨为一座，跨度 8 米宽，顶高 3.2 米，肩高 2.0 米，（高跨比为 0.15），棚长 60 米，水泥预制柱做肩柱，水泥立柱间距 4.0 米。横向每排水泥立柱上焊制一道弧形扇架，即扇架间距 4.0 米，一共需 14 道扇架。棚正顶采用 φ40 镀锌管材做纵向梁条，两侧肩柱顶采用 φ25 镀锌管材做纵向梁条，拱顶和肩柱之间采用 φ20 镀锌管材做纵向梁条。在两弧形扇架之间每隔 1.33 米安装一根拱杆，两扇架间安装 2 根拱杆，材料为采用 φ15 镀锌管。棚正顶不安装卡槽，侧面安装 3 道卡槽，即肩柱顶处纵向 1 道卡槽，肩柱脚田面处纵向 1 道卡槽，距离田面 0.8 米处安装一道卡槽。

2. 大棚骨架材料用量

大棚建造所需材料见表 3-2-1。

表 3-2-1　480 平方米大棚材料用量概算表

材料名称	规格（厘米）	单位	数量	用途
水泥柱	390×11	根	6	端面柱
水泥柱	270×11	根	32	肩柱

续表

材料名称	规格（厘米）	单位	数量	用途
镀锌管	600×φ25（壁厚1.5）	根	20	肩柱顶梁条
镀锌管	600×φ40（壁厚1.5）	根	10	棚正顶梁条
镀锌管	600×φ20（壁厚1.5）	根	20	棚正顶与肩柱间纵向梁条
镀锌管	600×φ15（壁厚1.2）	根	155	拱杆、扇架拉花、两肩柱间假撑杆、扇架间拉杆
卡槽	6米长卡槽	根	67	压膜
角钢门	200×200	道	2	棚门
棚膜	PE0.08×9000毫米	千克	45	
焊条			若干	
压膜绳			若干	

3. 安装

（1）深埋肩柱立柱间距4.0米，田间挖坑下埋深度0.7米，顶高一致。

（2）安装侧面立柱纵梁在水泥肩柱顶端上方，沿棚向安装φ25镀锌管，镀锌管与水泥柱顶端的钢筋焊牢，管与管间焊接好。

（3）焊骨架每隔4.0米，在每排水泥柱上焊一道扇架，扇顶梁条用φ40或φ32的镀锌管，要求梁条与梁条、梁条与扇架、梁条与拱杆焊接牢固，扇架正下方采用φ15镀锌管材将所有扇架连接。

（4）焊拱杆每两道扇架之间安装2道拱杆，材料为φ15镀锌管材，间距为1.33米。

（5）焊卡槽棚正顶不安装卡槽，侧面安装3道卡槽，即肩柱顶处纵向1道卡槽，肩柱脚田面处纵向1道卡槽，距离田面0.8米处安装一道卡槽。

（6）盖膜要求棚膜一定要盖平整（图3-2-1）。

图3-2-1　水泥立柱钢架大棚

三、组装式钢管大棚的类型与组装注意事项

我国常用的有克 p 系列，p 克 p 系列，p 系列三种。组装式钢管大棚的组装。

（一）定位

确定大棚的位置后，平整地基，在准备建棚的地面上，确定大棚的四个角，用石灰画线，埋下定位桩，而后用石灰确定拱杆的入地点，同一拱杆两侧的入地点要对称。在同一侧两个定位桩之间沿地平面拉一根基准线，在基准线上方 30 厘米左右再拉一根水准线。

（二）安装拱杆

在拱杆下部，同一位置用石灰浆作标记，标出拱杆入土深度，使该记号至拱管端部的距离等于插入土中的深度与水准线距地面的距离之和。后用与拱杆相同粗度的钢钎，在定位时所标出的拱杆插入位置处，向地下打入深度与拱杆入土位置相同，而后将拱杆两端分别插入安装孔，使拱管安装记号对准水准线，以保证其高度一致，调整拱杆周围夯实。

（三）安装拉杆

安装拉杆有两种方式，一种是用卡具连接，安装时用木锤，用力不能过猛。另一种是用铁丝绑捆，绑捆时，铁丝的尖端要朝向棚内，并使它弯曲，不使它刺破棚膜和在棚内操作的人。

（四）安装棚头

安装时要保持垂直，否则不能保持相同的间距，棚体不正降低牢固性。

（五）安装棚门

将事先做好的棚门，安装在棚头的门框内，门与门框应重叠。

南方地区的大棚建造得与寿光一样，则大棚的实际可用面积将大为受限。总而言之，建造大棚要做到因地制宜。

（二）同一地区要选择合适位置建造大棚

要选择地势开阔、平坦，或朝阳缓坡的地方建造大棚，这样的地方采光好，地温高，灌水方便均匀。

（三）尽量不要在风口上及窝风处建造大棚

不应在风口上建造大棚，以减少热量损失和风对大棚的破坏；不能在窝风处建造大棚，窝风的地方应先打通风道后再建大棚，否则，由于通风不良，会导致蔬菜病害严重，同时冬季积雪过多对大棚也有破坏作用。

（四）要尽量选择沙质壤土建造大棚

沙质壤土地温高，有利蔬菜根系的生长，是大棚建造用土的首选。如果大棚建造所处位置土质过黏，应加入适量的河沙，并多施有机肥料加以改良；如果土壤碱性过大，建造大棚前必须施酸性肥料加以改良，改良后方可建造。

（五）尽量不要选择低洼地建造大棚

尽量不要选择低洼地建造大棚，倘若在低洼地块上建造大棚，必须先挖排水沟后再建大棚；地下水位太高，容易返浆的地块，必须多垫土，加高地势后才能建造大棚，否则地温过低，土壤水分过多，均不利于蔬菜根系生长。

（六）必须要保证大棚建造地水源、交通等方便

建造大棚的地点必须要有充足水源，且交通方便，必须要有供电设备，以便生产管理和产品运输。

（七）大棚建造的方位、间距要合理

大棚建造的方位应南北延长，大棚的侧面向东西，则大棚内

光照分布均匀。大棚与大棚左右之间距离，是大棚高的 2/3。两大棚之间若距离过大，浪费土地；过近则影响大棚透光性和通风效果，并且固定大棚膜等作业也不方便。

（八）要正确调整大棚面形状和大棚宽大棚高的比例

大棚面形状及大棚面角是影响大棚日进光量和升温效果的主要因素，在进行大棚建造时，必须考虑当地情况合理选择设计。在各种大棚面形状中，以圆弧形采光效果最为理想。

大棚面角指大棚透光面与地平面之间的夹角。当太阳光透过大棚膜进入大棚时，一部分光能转化为热能被大棚架和大棚膜吸收（约占 10%），部分被大棚膜反射掉，其余部分则透过大棚膜进入大棚。大棚膜的反射率越小，透过大棚膜进入大棚的太阳光就越多，升温效果也就越好。最理想的效果是，太阳垂直照射到大棚面，入射角是零，反射角也是零，透过的光照强度最大。简单地说，要使采光、升温与种植面积较好地结合起来，大棚宽大棚高的比例就要合适。不同地区合适的大棚高与大棚宽的比例是不同的。经过试验和测算，大棚宽大棚高的计算方法可以用下面的公式计算：

大棚宽：大棚高 =ctg 理想大棚面角

理想大棚面角 =56°- 冬至正午时的太阳高度角

冬至正午时的太阳高度角 =90°-（当地地理纬度 - 冬至时的赤纬度）

例如：山东寿光地区在北纬 36°~37°，冬至时的赤纬度约为 23.5°，所以寿光地区合理的大棚宽：大棚高，按以上公式计算约为 2：1。河北中南部、山西、陕西北部、宁夏回族自治区南部等地纬度与寿光地区相差不大，大棚宽：大棚高基本在 2：1 左右。江苏北部、安徽北部、河南、陕西南部等地，纬度较低，多在北纬 34°~36°，冬至时的太阳高度角大，理想大棚面角就小，大棚宽：大棚高也就大一些，约在（2.2~2.3）：1。而在北京、辽宁、内蒙古自治区（以下简称内蒙古）等地，纬度较高，在北纬 40° 地区，大棚宽：大棚高也就小一些，约在（1.75~1.8）：1。建大棚要根据当地的纬度灵活调整。

（九）要确定合适的墙体厚度

墙体厚度的确定主要取决于当地的最大冻土层厚度，以最大冻土层厚度加上 0.5 米即可。如山东地区最大冻土层厚度在 0.3~0.5 米，墙体厚度 0.8~1 米即可。辽宁、北京、宁夏回族自治区（以下简称宁夏）等地的最大冻土层厚度甚至达到 1 米，墙体厚度需适当加厚 0.3~0.6 米，应达 1.3~2.0 米。江苏北部、安徽北部、河南等地，最大冻土层厚度低于 0.3 米，墙体厚度在 0.6~0.8 米即可满足要求。墙体厚度薄了保温性差，厚了浪费土地和建大棚资金。

二、目前寿光冬暖式大棚主要类型与建造

（一）寿光Ⅳ型大棚主要参数和建造要点

这种大棚的棚体为无立柱钢筋骨架结构。其设计是为了配套安装自动化卷帘机，逐步向现代化、工厂化方向发展。

1. 结构参数

大棚总宽 11.5 米，内部南北跨度 10.2 米，后墙高 2.2 米，山墙 3.7 米，墙厚 1.3 米，走道 0.7 米，种植区宽 8.5 米。

仅有后立柱，种植区内无立柱。后立柱高 4 米。

采光屋面参考角平均角度 26.3° 左右，后屋面仰角 45° 左右。距前窗檐 800 厘米、600 厘米、400 厘米处和 200 处的切线角度，分别是 23.34°、28.22°、34° 和 45° 左右。

2. 剖面结构图

寿光Ⅳ型大棚剖面结构图（图 3-3-3）。

3. 建造

大棚内南北向跨度 11.5 米，东西长度 60 米。大棚最高点 3.7 米。墙厚 1.3 米，两面用 12 厘米砖砌成，墙内的空心用土填实。后墙高 2.2 米。前面镀锌钢管钢

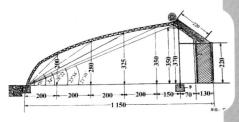

图 3-3-3　寿光Ⅳ型冬暖大棚剖面结构

筋骨架，上弦为 15 号镀锌管，下弦 14 号钢筋，拉花 10 号钢筋。大棚由 16 道花架梁分成 17 间，花架梁相距 3 米。花架梁上端搭接在后墙锁口梁焊接的预埋的角铁上，前端搭接在设置的预埋件上。两花架梁之间均匀布设三道无下弦 15 号镀锌弯成的拱杆上，间距 0.75 米，搭接形成和花架梁一致。花架梁、拱杆东西向用 15 号钢管拉连，前棚面均匀拉接四道，后棚面均匀拉连二道，前后棚面构成一个整体。在各拱架构成的后棚面上铺设备 10 厘米厚的水泥预制板，预制板上铺炉渣 40 厘米作保温层。

（二）寿光 V 型大棚主要参数和建造要点

这种大棚的棚体为亦为无立柱钢筋骨架结构，是第五代冬暖大棚的典型代表。

1. 结构参数

大棚总宽 15.5 米，内部南北跨度 11 米，后墙外墙高 3.1 米，后墙内墙高 4.3 米，山墙外墙顶高 3.8 米，墙下体厚 4.5 米，墙上体厚 1.5 米，走道和水渠设在棚内最北端，走道宽 0.55 米，水渠宽 0.25 米，种植区宽 10.2 米。

仅有后立柱，种植区内无立柱。后立柱高 5 米。

采光屋面参考角平均角度 26.3° 左右，后屋面仰角 45° 左右。距前窗檐 1 100 厘米处的切线角度 19.1°，距前窗檐垂直地面点 1 100 厘米处的切线角度 24.4°。

2. 剖面结构图

寿光 V 型大棚剖面结构图（图 3-3-4）。

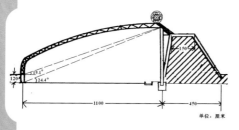

单位：厘米

图 3-3-4　寿光 V 型冬暖大棚剖面结构

3. 建造

确定后墙、左侧墙、右侧墙的地基以及尺寸，大棚内南北向跨度 15.5 米，东西长度不定，但以 100 米为宜。清理地基，然后利用链轨车将墙体的地基压实，修建后墙体、左侧墙、右侧墙，后墙体的上顶宽 1.5 米，修建后墙体的过程中，预先在后墙体上高 1.8 米处倾斜放置 4 块 3 米长的楼板，该楼板底部开挖高 1.8 米、宽 1 米的进出口，后墙体外高 3.1 米，内墙高 4.3 米，墙底宽 4.5 米，后墙、左侧墙、右侧墙的截面为梯形，后墙、左侧墙、右侧墙的上下垂直上口为 0.9 米。

将后墙的上顶部夯实整平，预制厚度为 20 厘米的混凝土层，并在混凝土层中预埋扁铁，将后墙体的外墙面铲平、铲直，铲好后再在后墙体的外墙面铺一层 0.06 毫米的薄膜，然后在薄膜的外侧用水泥砌 12 厘米砖墙，每隔 3 米加一个 24 厘米垛，垛需要下挖，1 ：3 水泥砂浆抹光。

在后墙的内侧修建均匀分布的混凝土柱墩的预埋扁铁上焊接 2.5 寸的钢管立柱，立柱地上面高 5 米。在后墙体的内墙面及左侧墙、右侧墙的内、外墙面砌 24 厘米砖墙，灰砂比例 1 ：3，水泥砂浆抹光。

沿后墙体的内侧修建人行道，人行道宽 55 厘米，先将素土夯实，再加 3 厘米后的混凝土层，在混凝土层的上面铺 30 厘米×30 厘米的花砖，在人行道的内侧修建水渠，水渠宽 25 厘米，深 20 厘米，水泥砂浆抹光。

在大棚前檐修建宽 24 厘米、高 80 厘米的砖墙，1 ：2 水泥砂浆抹光，在砖墙的顶部预制 20 厘米厚的混凝土层，在混凝土层内预埋扁铁，每隔 1.5 米一块。

用钢管焊接成包括两层钢管的拱形钢架，上层钢管、下层钢管的中间焊接钢筋作为支撑，上层钢管为 1.2 寸钢管，下层钢管为 1 寸钢管，钢筋为 12 号钢筋。

将拱形钢架的一端焊接在立柱的顶部，另一端焊接在前檐砖墙混凝土层的扁铁上，拱形钢架与拱形钢架之间用四根 1 寸钢管固定连接，再用 26 号钢丝拉紧支撑，每 30 厘米拉一根，与拱形钢架平行固定竹竿。

在立柱的顶部和后墙体顶部的预埋扁铁之间焊接倾斜的角铁，然后在后墙体顶部的预埋扁铁与立柱之间焊接水平的角铁，倾斜的角铁、水平的角铁、立柱形成三角形支架，再在倾斜的角铁外侧覆盖 10 厘米的保温板，在保温板的外侧设置钢丝网，然后预制 5 厘米的混凝土层。

（三）寿光Ⅵ型大棚主要参数和建造要点

寿光Ⅵ型大棚，即半地下大跨度冬暖大棚。

1. 结构参数

大棚下挖 1.2 米，总宽 16 米，后墙高 3.3 米，山墙顶 4 米，墙下体厚 4 米，墙上体厚 1.5 米，内部南北跨度 12 米，走道设在棚内最南端（与其他棚型相反），走道宽 0.55 米，水渠宽 0.25 米，种植区宽 11.2 米。

立柱 6 排，一排立柱（后墙立柱）长 5.7 米，地上高 5.2 米，至二排立柱距离 2.4 米。二排立柱长 5.2 米，地上高 4.7 米，至三排立柱距离 2.4 米。三排立柱长 4.6 米，地上高 4.1 米，至四排立柱距离 2.4 米。四排立柱长 3.9 米，地上高 3.4 米，至五排立柱距离 2.4 米。五排立柱长 2.9 米，地上高 2.4 米，至六排立柱距离 2.4 米。六排立柱（戗柱）长 1.5 米，地上与棚外地面持平，高 1.2 米。

采光屋面参考角平均角度 26.5° 左右，后屋面仰角 45°。距前窗檐 0 厘米、240 厘米、480 厘米、720 厘米和 960 厘米处的切线角度，分别是 26.6°、22.6°、16.3°、14.0° 和 11.8° 左右。

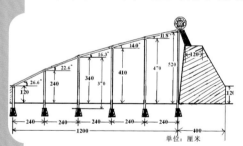

图 3-3-5　寿光Ⅵ型冬暖大棚剖面结构

2. 剖面结构图

寿光Ⅵ型大棚剖面结构图（图 3-3-5）。

3. 建造

取 20 厘米以下生土建造冬暖大棚墙体。墙下部厚 4 米，顶部厚 1.5 米，后墙高 3.3 米，山尖高为 4 米，前窗高度为 0.8 米，冬暖大棚外径宽 16 米。由于墙体下宽上窄，主体牢固，抗风雪能力强。后坡坡度约 45°，加大了采光和保温能力。在后墙处，先将 5.7 米高的水泥立柱按 1.8 米的间隔埋深沉 50 厘米，上部向北稍倾斜 5 厘米，以最佳角度适应后坡的压力。离第一排立柱向南 2.4 米处挖深 50 厘米的坑，东西方向按 3.6 米的间隔埋好高 5.2 米的第二排立柱。再向南的第三、四、五排立柱，南北方向间隔均为 2.4 米，东西方向间隔均为 3.6 米，埋深均为 0.5 米。第三排立柱高 4.6 米、第四排立柱高 3.9 米、第五排立柱高 2.9 米。第六排为戗柱，高 1.7 米，距第五排立柱 2.4 米。立柱埋好后，在第一排每一条立柱上分别搭上一条直径不低于 10 厘米粗的木棒，木棒的另一端搭在墙上，在离木棒顶部 25 厘米处割深 1 厘米的斜茬，用铁丝固定在立柱上。下端应全部与后墙接触，斜度为 45°，斜棒长度 1.5~2 米。斜棒固定后，在两山墙外 2~3 米左右，挖宽 70 厘米，深 1.2 米，长 10 米的坠石沟，将用 8 号铁丝捆绑好的不低于 15 千克的石头块或水泥预制块，依次排于沟底，共用 90 块坠石。拉后坡铁丝时，先将一端固定在附石铁丝上，然后用紧线机紧好并固定牢靠。后坡铁丝拉好后，将大竹竿（拱形架）固定好，再拉前坡铁丝。竹竿上面均匀布设 28 道铁丝，竹竿下面布设 5 道铁丝。铁丝拉好后，处理后坡。先铺上一层 3 米宽的农膜，然后将捆好的直径为 20 厘米的玉米秸捆排上一层，玉米秸上面覆土 30 厘米。后斜坡也可覆盖 10 厘米的保温板。后坡上面再拉一道铁丝用于拴草苫。前坡铁丝拉好后固定在大竹竿上，然后每间棚绑上 5 道小竹竿，将粘好的无滴膜覆盖在棚面上，并将其四边扯平拉紧，用压膜线或铁丝压住棚膜。

4. 半地下大跨度冬暖大棚的优点

（1）增加了大棚内地温。因大棚蔬菜越冬栽培，深冬季节地温的高低直接影响到蔬菜的产量。在冬季，随着土壤深度的增加，地温逐渐增高，因此半地下式冬暖大棚栽培比普通平地冬暖大棚栽培地温要高，实践证明，50~120 厘米的深度的半地下式冬暖大棚，比平地栽培的地下 10 厘米地温要高 2~4℃。

（2）增加了大棚空间。有利于高秧作物的生长，有利于立体栽培。

（3）增加了大棚的保温性。冬暖大棚地面低于大棚外地面 50~120 厘米，棚体周围相对厚度增加，因此保温性好。加之大棚的空间大了，有利于储存白天的热量，夜晚降温慢，增加大棚的保温性。

（4）有利于二氧化碳的储存。大棚的空间增大，相对空气中的二氧化碳就多，有利于作物生长，达到增产的目的。

（5）不破坏大棚外的土地。大棚墙体在建造过程中，需要大量的土，过去是在大棚后挖沟取土，一是不利于大棚保温，二是浪费了土地。

但从大棚内取土要注意，现将大棚内表层的熟土放在大棚前，将20厘米以下的生土用在墙体上，要避免用生茬土种番茄。

这种半地下大跨度冬暖大棚土地利用率高、透光好、温湿度调节简单，代表着未来冬暖大棚的发展方向。是将来土地有偿转让兼并，实行集约化标准化生产，彻底解决散户经营，提高产品质量的有效途径。目前这项技术已得到寿光农民的广泛认可。

第四章　豆角品种选购与优良品种介绍

　　我国拥有世界上最广泛的长豆角种质资源，在育种方面成果显著。例如浙江省农业科学院和之豇种业公司在长豆角育种和良种繁育方面取得了显著成果，他们在 20 世纪 70 年代育成的之豇 28-2，推广面积曾在全国覆盖 70% 以上，并荣获国家发明二等奖，为我国长豆角增产和农民增收作出过重要贡献。随着育种工作的不断开展，又培育出了许多综合性状更加优良的新品种，在全国广泛推广。目前，长豆角育种目标仍然以高产、优质和抗病为主。随着反季节和设施栽培技术的发展，以及加工的深入，培育适应设施栽培和适合深加工的长豆角也逐渐成为一个重要目标。目前全国推广面积较大的品种主要有：深绿荚豆角浙绿 1 号、浙绿 2 号等，矮生长豆角品种之豇矮蔓 1 号、浙翠无架、美国无架等，适应冬季设施栽培的极早熟品种或矮生型早熟品种，如之豇特早 30、之豇矮蔓 1 号、长豇 3 号等，出干率高、适宜脱水加工的绿荚品种绿冠 1 号、浙翠 2 号、高产 2 号等，秋季专用品种秋豇 512、紫秋豇 6 号等。

第一节　豆角品种选购

一、根据豆角的品种特性选择

　　1. 按茎秆生长习性分类

　　（1）蔓生型蔓生型豆角有主蔓（主茎）、侧蔓（侧枝），主蔓高度可达 3 米以上，理论上能无限生长。栽培时需搭设"人"字架，以利于通风透气，减少病虫害。主蔓和侧蔓都可陆续开花结荚，大多数以主茎结荚。生长期长，产量高。

　　（2）矮生型矮生型豆角株高可达 0.6 米左右，不用搭架。主茎 4~8 节以后，花芽就封顶不再萌发，因而矮生型豆角植株矮小，分枝（侧枝）较多；同时其生长期缩短，成熟早些，而且开花结荚集中，因采摘时间短，产量比蔓生型豆角低一半以上。一般在架材不好找的地方种植，或是于田边地角零星种植；或是利用空档时间，刚好可种一季。

2. 按条荚颜色分类

（1）白荚。条荚白色，陕北地区多叫大白条，长江流域多叫白豆角（长江中游也有叫大白条的），有些地方又叫雪豇、银豇等，比如四川的白胖豇。其肉厚，特别适合煮食、烧菜，煮稀饭、蒸干饭都很有风味。

（2）嫩绿。条荚绿白色，四川以前叫草白豇，湖北和部分北方地区叫小白条，西北地区叫绿白条。最典型的品种要数最有名气的之豇 28-2。嫩绿豇至今还是种植面积最大、食用最多样的品种。

（3）青绿。条荚青绿色，不带白的色相，它绿的程度可以从"黑眉"这个类似品种的名字去想象，最典型的品种是前些年流行的青豇 901。青豆角多以泡菜、凉菜等方式食用。

（4）翠绿。条荚颜色比嫩绿豆角绿，又没有青豆角那么绿，这是近年开始推广并有明显扩大趋势的豆角品种，还未有可以作为广大区域通用代表的成名品种。

（5）油白。类似于嫩绿豆角的条荚颜色，但是比嫩绿豆角更有光泽。油白豆角种性偏耐热，华南地区气候条件更适合种植。

（6）油青。类似于翠绿豆角的条荚颜色，但有些品种比翠绿豆角更有光泽。油青豆角种性偏耐热，华南地区气候条件更适合种植。

（7）红豇。又可叫紫豆角，条荚紫红色。以前流行的秋紫豇六号是典型代表，但其荚长较短（30~40厘米），近年长度超过60厘米的品种推广面积更大。目前以鲜食为主。

（8）龙纹。条荚米白色和紫红色不是很规则的竖条（或竖带、竖斑）相间，长约60厘米，特色品种。

在选择豆角品种时，条荚颜色是最重要的指标之一。必须根据种植区域的消费需求或者菜商收购的要求确定。

3. 按品种熟性分类

（1）极早熟。从第2~3片真叶就开花结荚，且条荚膨大速度快。但是早熟就可能早衰，因此极早熟豆角结荚主要在下层和中层，上层条荚数量可能少于早熟和中晚熟豆角。它的优势在于早春抢早播种、抢早上市。

（2）早熟。从第3~4片真叶开始开花结荚，条荚膨大速度也较快，有些品种比中晚熟品种早衰。真正优秀的早熟豆角，下层、中层、上层条荚数量比较均衡，相对来说高产性突出一些，比如这些年流行的正宗小叶高产王，它的优势在于春、夏、秋播种栽培，都可能比较早熟和高产。

（3）中晚熟。近年比较盛行的要数长荚肉厚的嫩绿（翠绿）品种，也包括紫豆角。中晚熟豆角从第4~6片真叶开花结荚，且条荚膨大速度不快不慢，结荚主要在中层和上层。如果早春种植，下层条荚数量基本不如早熟品种；夏秋种植则比早春种植的下层条荚要多。其优势在于更耐高温高湿，更适合夏秋高产栽培；且同期结荚成熟的话，中晚熟肉厚的豆角比早熟豆角更耐老化（不易走籽）。

总之，一定要结合种植时间来选择合适的豆角品种。

4. 按气候适应性分类

（1）高耐热耐湿。比如源自华南地区的油白豆角、油青豆角。因为热带"血缘"，高耐热耐湿豆角特别适合华南地区气候，或者相似生态区域(比如云南、四川的部分湿热小气候区域)。在其他区域，高耐热耐湿的豆角最好先试种，试种成功且摸熟栽培模式，再扩大种植面积。曾经在西北油青豆角栽培出现产量严重偏低的情况。

（2）普通耐热耐湿。除华南地区的油白豆角、油青豆角外，其他区域的豆角品种，耐热耐湿能力相对弱一些，长江流域及更北区域的品种，一般属于这种情况。

5. 按豆角种子颜色分类

从种子的颜色看，主要有红籽、白籽、黑籽、黄籽、红白双色籽、黑白双色籽等几类，并不是所有的地区都会以种子颜色作为选择品种的主要标准。

第二节　优良品种介绍

一、丰优油青豆角

（一）品种特征特性

绿白色类型中早熟品种。植株蔓生，无限结荚习性，生长势强，分枝能力强。蔓绿带紫色，长 3.6~4.3 米，中部粗 0.45 厘米，叶色深绿有光泽。主蔓第 5~6 节开始着生第一豆荚，豆荚长圆条形，荚色绿白，荚长 46.6 厘米，荚粗 0.93 厘米，单荚质量 26.1 克。双荚率高，整齐饱满，头尾均匀，鼠尾荚少，肉质紧实爽脆，不易老化，纤维少，品质好。种子肾形，黑色，千粒质量 166.8 克（图 4-2-1）。经广州市农业科学研究院农业环境与农产品检测中心测定，鲜豆荚还原糖含量 2.27%，维生素 C 含量 370 毫克每千克，粗蛋白含量 2.27%，粗纤维含量 1.07%。

图 4-2-1　丰优油青豆角

在广东省从播种至始收，春季 60 天，秋季 48 天；延迟采收期，春季 36 天，秋季 32 天；全生育期，春季 96 天，秋季 80 天。平均产量，春植 25 329 千克每公顷，秋植 25 651 千克每公顷。抗病性人工接种鉴定结果为高抗枯萎病，田间表现耐热性、耐寒性和耐旱性强。

（二）栽培技术要点

适宜广东省等南方省市春、秋季栽培，播种期为春季 2 月中旬至 3 月上旬，秋季 7 月下旬至 9 月上旬。种植前施足基肥，深翻晒白，挖沟起畦。一般采用直播，有条件可采用营养钵育苗移植。

畦宽 1.5 米，双行植，每穴 3 粒，春季株距 20 厘米，秋季株距 15 厘米。当苗高 20~25 厘米时，及时插竹、引蔓。幼苗期适当薄施水肥；第一花序结荚后重施肥，追施复合肥 450 千克每公顷，过磷酸钙 150 千克每公顷，氯化钾 75 千克每公顷；盛荚期后还应加强肥水管理，以延长采收期。注意防治煤霉病、锈病、豆荚螟、蓟马等病虫害。开花后约 12~14 天豆荚达到商品成熟期时及时采收，每 2~3 天采收 1 次。

二、鄂豇豆 2 号

（一）品种特征特性

早熟、优质、丰产、耐病。蔓生型，生长势旺，无分枝或 1 条分枝，节间长 19 厘米左右。茎绿色、较粗壮，叶片深绿色、较小，三出复叶，顶生小叶叶片大小为 13.40 厘米 × 7.47 厘米。始花节位 2~3 节，每株花序数 13~18 个，每花序多生对荚。荚浅绿色，长圆条形，长 60 厘米，单荚质量 20 克左右，荚腹缝线较明显，荚嘴无杂色。种子红棕色，千粒质量 140 克。春季露地栽培播种后 40 天开花，48 天可始收嫩荚；地膜覆盖栽培 38 天开花，46 天始收嫩荚，延续采收 40 天左右。夏播 31 天开花，38 天始收嫩荚，延续采收 35 天左右。结荚集中，始花后除第 5 或第 6 节无花序外，其余各节均有花序，持续结荚能力强。较耐湿，抗病性强（图 4-2-2）。经武汉等地多点、多季试种表明，该品种比主栽品种早熟 5~7 天，春栽产量一般在 21 吨每公顷以上，高产田可达 30 吨每公顷，秋栽产量一般为 19.5 吨每公顷。经湖北省农业测试中心分析，鲜豆荚维生素 C 含量 120.43 毫克每千克，可溶

图 4-2-2　鄂豇豆 2 号

性糖含量 1.73%，蛋白质 2.65%，粗纤维 1.07%。

（二）栽培技术要点

整地作畦，施足基肥。南方多雨地区选择地势较高、平整、排灌方便、土层深厚、肥沃的沙壤土地块，高畦栽培，畦宽 120 厘米（包括沟宽 25 厘米），每公顷施优质农家肥 30~37.5 吨、复合肥 375 千克。每畦两行，穴距 18 厘米，每穴播 3~4 粒，定苗 2 株。播期可从 3 月下旬到 7 月下旬。在武汉等地区春季低温时期可采用小拱棚加地膜覆盖栽培，4 月中旬后播种不需小拱棚，早春也可用营养钵育苗移栽。田间管理：地膜覆盖直播，幼苗出土时要及时破膜露苗，用土封好膜孔。蔓长 10 厘米时搭架，以人字架为宜。生长期间及时追肥，防除杂草，干旱时及时灌水。病虫防治：苗期防小地老虎为主，中期防蚜虫，花期防豆荚螟、煤霉病、疫病等。鲜荚充分长成后及时采收。

三、鄂豇豆 6 号

（一）品种特征特性

优质，早熟，耐病，丰产稳产。蔓生型。主茎粗壮，绿色，节间较短，生长势强，分枝少。叶片较小，叶色深绿。始花节位 3~4 节，一般除第 5 或第 6 节外，各节均有花序。花紫色，每花序多生对荚。持续结荚能力强，单株结荚 14 个左右。鲜荚浅绿色，平均荚长 57.6 厘米，荚粗 0.8 厘米，平均单荚质量 18.88 克。荚条直，肉厚，营养丰富，口感佳。种子短肾形，种皮红棕色，平均每荚种子 19 粒，千粒质量 140 克。春播全生育期 88 天左右，从播种到始收嫩荚 48 天左右，延续采收 40 天；秋播全生育期 68 天左右，从播种到始收嫩荚 38 天左右，延续采收 30 天。对光周期反应不敏感，田间枯萎病、锈病发病率低（图 4-2-3、图 4-2-4）。经湖北武汉等地多点、多季试种表明，比主栽品种早熟 6 天，早期产量达 11.5 吨每公顷，总产量 27 吨每公顷。经农业部食品质量监督检验测试中心（武汉）测定，鲜豆荚维生素 C 含量 160.4 毫克每千克，粗蛋白含量 3.12%，总糖含量 2.48%，粗纤维含量 0.98%。

图 4-2-3　鄂豇豆 6 号植株

图 4-2-4　鄂豇豆 6 号果实

（二）栽培技术要点

适宜于全国大部分省份春、夏、秋季栽培。整地作畦，施足基肥。南方多雨地区选择沙壤土地块，采用高畦栽培，要求畦面平整、排灌方便、土层深厚。畦宽 120 厘米 (包括沟宽 25 厘米)，基肥施优质农家肥 30~37.5 吨每公顷、复合肥 375 千克每公顷，在畦中间开 20~30 厘米深的条沟深施。畦植两行，穴距 17~20 厘米，每穴播种 3~4 粒，定苗 2 株。播期可从 3 月下旬到 7 月下旬，春季密度 10 万株每公顷左右，秋季可增至 15 万株每公顷。早春采用保护地栽培，4 月中旬后播种可以露地栽培。出苗后结合中耕追速效肥 2~3 次或叶面喷施肥提苗。蔓长 10 厘米时搭架，以人字架为宜。生长期及时防除杂草，遇旱时及时灌溉，每采收 1~2 次可以结合灌水追施尿素 150 千克每公顷、复合肥 150~225 千克每公顷。病虫防治以预防为主，保持田间干燥勿渍水。鲜荚充分长成后及时采收。

四、丰产 6 号

（一）品种特征特性

蔓生型，主茎绿色，生长势强，分枝少。叶片较小，叶色绿，早中熟，始花节位第 5 节。花白色，双荚率高，持续结荚能力强。鲜荚长圆条形绿白色，纤维少，品质优，荚条直。荚长 60 厘米，

荚宽 1.0 厘米，单荚质量 28 克，肉厚 0.42~0.47 厘米，单株产量
0.29~0.48 千克，商品率 96.46%~97.30%。种子肾形，红褐麻点间
白色（图 4-2-5、图 4-2-6）。经农业部蔬菜水果质量监督检验
测试中心（广州）测定，鲜荚粗蛋白含量 1.8%，维生素 C 390.9
毫克每千克，还原糖含量 1.42%，粗纤维 1.1%。

图 4-2-5　丰产 6 号

图 4-2-6　丰产 6 号果实

从播种至始收，春季 64 天，秋季 43 天；延续采收期，春季
40 天，秋季 36 天；全生育期，春季 104 天、秋季 79 天。第 1 穗
花序着生节位第 4.5~5.3 节。2009 年广东省区域试验表明，春季
平均总产量 27 933 千克每公顷，比对照"丰产二号"增产 4.66%，
抗病性鉴定结果为中抗枯萎病，田间表现耐热性、耐涝性和耐旱
性强，耐寒性中等。

（二）栽培技术要点

对光照不敏感，适宜广东省春夏秋季种植。宜选择地势较高，排水良好，中性或微酸性的壤土或沙质壤土田块，不能与豆科作物连作。一般畦宽包沟 1.8 厘米左右，双行植，每穴 2 粒，株距 15~20 厘米。重施基肥有利于根系发育，能提高其吸肥、吸水能力。基肥一般施有机肥 15 000~22 500 千克每公顷，过磷酸钙 750 千克每公顷，硫酸钾 300 千克每公顷。沟施 300~450 千克每公顷鸭毛肥可改善土壤通透性。原则上前期预防徒长，后期防止早衰。土壤氮肥不足时可追施 45~75 千克每公顷速效氮肥或稀薄的人粪尿水 1~2 次。蔓长 10 厘米时搭架，以人字架为宜。在第一花序结荚后需肥水充足，可重施追肥，追施复合肥 150~300 千克每公顷，此后根据植株生长情况每隔 7~10 天追肥 1 次，结荚期间追肥宜勤施薄施，保证肥水供给。结荚后期要适当增加肥水，用磷酸二氢钾等进行根外追肥，能促进植株恢复生长和潜伏花芽开花结荚，延长收获期。一般花后 10 天左右豆荚达到商品成熟期，此时豆荚饱满柔软，要及时采收，否则豆荚衰老时肉质疏松，品质变劣，还会引起植株早衰。

五、瓯豇一点红

（一）品种特征特性

株型紧凑，分枝力弱。以主蔓结荚为主，主蔓第 4~5 节着生第 1 花序，花呈浅紫色，基部结荚多且集中。荚长 70~80 厘米，横径 0.8~1.0 厘米，单荚质量 25~30 克。荚肉肥厚，质脆嫩味甜，不易老化；荚条粗长，淡绿色，顶端红色。种子黑色。中熟偏早，生长势强，后期不易早衰（图 4-2-7）。春、夏、秋季均可种植。春季直播至

图 4-2-7　瓯豇一点红植株

始收约 69 天，与"之豇 28-2"熟期一致；平均产嫩荚 30.0~37.5 吨每公顷；前期产量比"之豇 28-2"和"宁豇 3 号"分别增产 44.6% 和 73.7%；总产量分别增加 14%~38.8% 和 37.4%。夏季直播至始收约 41 天，平均产嫩荚 22.5 吨每公顷左右；前期产量分别增产 24.7% 和 96.8%；总产量分别增产 28.0% 和 9.9%。较抗病毒病、枯萎病和煤霉病。

（二）栽培技术要点

适合浙江省春季和夏季栽培。春栽于 3 月上旬播种育苗，苗龄约 20 天，第 1 复叶展开前带土移栽。露地地膜覆盖栽培 4 月上旬至 8 月上旬播种。南北向筑畦，高垄双行栽植，畦宽(连沟)1.5 米，穴距 20~25 厘米，每公顷栽 60 000~75 000 穴，每穴 3 株。基肥施有机肥 37.5 吨每公顷，再配施氮、磷、钾复合肥 300~450 千克。移栽成活后施促苗肥。爬蔓时结合中耕施尿素 75 千克每公顷，基部盛花时再施 150 千克每公顷，结荚后再施 75 千克每公顷，并根外追施 0.2% 磷酸二氢钾 2~3 次。生长前期控制浇水，开花结荚时浇足水，此后控水，主蔓出现较多花序时浇足水，此后保持湿润。用 20% 三唑酮乳油 1 500~2 000 倍液防治锈病；用 1% 海正天虫灵 2 000 倍液于花期晴天傍晚喷洒花序、幼荚及地面防治豆野螟；用 10% 一遍净粉剂 2 500 倍液防治蚜虫。采收前 10 天严禁用药。食用嫩荚的在籽粒膨大前采摘。

六、之豇 108

（一）品种特征特性

蔓生，中熟，生长势较强，不易早衰，分枝较多，单株分杈约 1.5 个。叶色深绿，三出复叶，平均叶长 17.0 厘米，叶宽 9.8 厘米。主蔓第 5 节左右着生第一花序，花蕾油绿色，花冠浅紫色。单株结荚数 8~10 条以上，每花序可结 2~3 条。嫩荚油绿色，荚长约 70 厘米，平均单荚质量 26.5 克，肉质致密 (0.95 克每立方厘米)，耐贮性好。单荚种子数 15~18 粒，种子肾形，红色，百粒质量约 15 克。根系发达，对连作障碍耐受性强。抗病毒病、根腐病和锈病（图 4-2-8）。秋季露地栽培播种至始收需 42~45 天，花后 9~12 天采收，采收期 20~35 天，全生育期 65~80 天。产量 30~35 吨每公顷。

（二）栽培技术要点

适宜全国各地夏秋季种植，播种期 4~8 月。适当稀植，行距 0.70~0.75 米，穴距 0.3 米，畦宽 1.5 米，每畦种两行，每穴 2 株为宜。施有机肥 45 000 千克每公顷，氮、磷、钾复合肥 375~750 千克每公顷，过磷酸钙 450 千克每公顷，草木灰 750 千克每公顷和硫酸钾 300 千克每公顷作基肥。及时插架引蔓，架材长

图 4-2-8　之豇 108 植株

于 2.4 米。满架后打顶 2~3 次，方法是在清晨用细竹抽打顶端枝蔓。开花坐荚前控水控肥，坐荚后每采收 2 次追肥一次。及时采收。加强对蚜虫、瓜螟、甜菜夜蛾、豆野螟等的防治。

七、鄂豇豆 12

（一）品种特征特性

生长势较强，蔓生，分枝 2~4 个，节间较短。叶色深绿，叶片较小。始花节位 4~6 节。花紫色。每个花序有两对以上花芽，一般结荚 4 根，以对荚居多。荚绿色，长圆条形，有红嘴，平均荚长 68.4 厘米，粗 0.77 厘米，单荚质量 24.3 克，单株平均结荚 13 个。荚条均匀，荚粗壮，肉厚，极少鼠尾和鼓粒，持续结荚能力强，较耐老，适于鲜食、腌渍和干制加工。种皮黑色，短肾形，单荚平均种子粒数 18 粒，百粒质量 12.0 克（图 4-2-9）。地膜覆盖

图 4-2-9　鄂豇豆 12 植株

春栽播种后 48 天开花，56 天始收嫩荚。夏播 40 天左右开花，47 天始收嫩荚。结荚集中，始花后 7 节以上均有花序，持续结荚能力强，产量达 2 7000 千克每公顷。适应性较强。田间未发现明显病虫害。对光周期不敏感，但是短日照有利于提早发育。

（二）栽培技术要点

适宜于湖北省大部分地区的春、夏、秋季栽培。武汉地区适宜播期在 4 月下旬至 7 月中旬，播种量为 30 千克每公顷。如春季提早播种，需要用小拱棚或温室大棚设施栽培。采用深沟高畦，要求排灌方便，畦宽 1.33 米，畦植两行，穴距 17~20 厘米，每穴 2~3 株，春季密度 13.5 万株千克每公顷左右，夏秋季密度 15 万株千克每公顷。对水肥要求较高。在畦中间开 20~30 厘米深的条沟深施腐熟有机肥每公顷 30 000~45 000 千克作为基肥。出苗后结合中耕追施速效肥 2~3 次或叶面喷施提苗肥。要防止渍水，保证雨住沟干，遇旱灌跑马水。每采收 1~2 次结合灌水追施速效肥，施尿素每公顷 150 千克、每公顷复合肥 150~225 千克。以荚条色略变浅时为适宜采收期，一般春植商品荚在开花后 9~10 天采收，夏秋植在开花后 7~8 天采收。采收时应该按住豆荚基部轻轻向左右扭动，然后摘下。田间表现较耐病，病虫防控以预防为主，保持田间干燥勿渍水。

八、之豇 28-2

（一）品种特征特性

品种来源为浙江农科院园艺所选育。植株蔓生，生长势强，生长速度快。叶深绿，花蓝紫色，嫩荚淡绿色，荚长 60 厘米左右，单荚重 20 克左右，纤维少，不易老化，品质好。适应性较强，较耐病，早熟丰产（图 4-2-10）。采收期集中，生育期 70~100 天。之

图 4-2-10 之豇 28-2 果实

豇28-2豆角要求高温，耐热性强，生长适温为20~25℃，在夏季35℃以上高温仍能正常结荚，也不落花，但不耐霜冻，在10℃以下较长时间低温，生长受抑制。

（二）栽培技术要点

春季栽培于4月中旬播种（平畦穴播），亩（1亩≈667平方米。下同）用种量3~4千克，行株距为67厘米×25厘米~83厘米×25厘米。6月中、下旬至7月下旬采收，亩产2 500千克左右。秋季栽培6月中旬播种（瓦垄畦穴播），用种量及行株距同春播。8月至9月中旬采收，亩产1 500~2 000千克。

九、秋紫豇六号

（一）品种特征特性

生长势中等偏强，主侧蔓均可结荚，生育期70~90天，叶片较窄，叶色略深，对光照反应敏感，初荚部位低，平均2~3节，早熟，结成性好，丰产。荚长30~35厘米，荚色玫瑰红，爆炒后荚色变绿，俗称"锅里变"，嫩荚粗壮，品质优，不易老化，商品性好，籽粒为红白花籽（图4-2-11）。抗病毒病和烟煤病，适应各地种植。

（二）栽培技术要点

适应春秋两用栽培，3月下旬至7月下旬均可播种，行株距为75厘米×28厘米，每穴3~4粒。深耕多施基肥，最好有机肥和化肥混施。遵循"前控、中促、后补"的追肥原则。及时防治白粉、锈病及炭疽病和豆角荚螟和蚜虫等病虫害。商品荚采收以开花后11~13天为宜。

图4-2-11　秋紫豇六号果实

图 4-2-12　扬豇 40 植株

图 4-2-13　扬豇 40 果实

十、扬豇 40

（一）品种特征特性

蔓生，中熟，生长势强，主蔓长约 3.5 米，侧蔓大多在主蔓的中上部抽生，主蔓一般在第 7、8 节开花挂荚，与同期播种的"之豇 28-2"相比开花迟 3~5 叶，主侧蔓均挂荚良好。嫩荚为绿白色，肉质厚而紧实，荚长 60~70 厘米，无"鼠尾"，商品性极佳。耐热，抗逆性强（图 4-2-12、图 4-2-13）。经陕西省农产品质量监督检验站测定：鲜荚干物质含量 9.70%，总糖 3.54%，粗纤维 1.29%，维生素 C 含量 152.6 毫克每千克。种子红褐色，肾形，一般百粒质量 14.2 克。适宜春夏两季栽培，尤其为夏季伏缺上市的好品种。长江中下游地区，春季栽培产量可达 22.5 吨每公顷，夏季栽培产量可达 19.5 吨每公顷。

（二）栽培技术要点

长江中下游 4 月 ~7 月陆续播种，云南、贵州、福建等地可延至 8 月底 9 月初播种，云南西双版纳可延到 9 月底播种。播种前以优质农家肥每公顷 100 吨左右作底肥。双行种植，畦面连沟 135~140 厘米，株距 25~30 厘米，每穴 2~3 株，每公顷用种量 6.3~30 千克。结荚期及时追肥，采收嫩荚期加大肥水量，结合防病治虫，用 0.3%~0.5% 的磷酸二氢钾根外追肥。搭架杆高于 2.5 米，以保证丰产。中后期加强防治锈病、豆荚螟、蚜虫、潜叶蝇等。

十一、扬早豇 12

（一）品种特征特性

早熟，蔓生，生长势中等，主蔓长 3.2 米左右，基部分枝少或无分枝；主蔓结荚为主，3~4 节开花挂荚，比同期播种的对照"之豇28-2"早 4~6 天。主蔓 9~12 个花序，每花序能坐 2~4 荚。嫩荚始收期 55 天，嫩荚绿白色，肉质厚而紧实，荚长 55~60 厘米，无"鼠尾"，商品性极佳。叶片略小于对照（图4-2-14）。经陕西省农产品质量监督检验站测定：鲜荚干物质含量9.44%，总糖 3.32%，粗纤维 1.21%，

图 4-2-14　扬早豇 12 植株

维生素 C 0.163 7 毫克每克。种子红褐色，肾形，略小于对照，一般种子百粒质量 11.7 克。适宜春季保护地及露地栽培，长江中下游地区春季栽培产量可达 24 吨每公顷。

（二）栽培技术要点

长江中下游地区早熟保护地栽培于 2 月底或 3 月初育苗，苗龄30 天（3 月底或 4 月初定植），也可 3 月下旬至 4 月直播。播种前以优质农家肥约 100 吨每公顷作底肥。双行种植，畦面连沟 135~140厘米，株距 20~25 厘米，每穴 2~3 株，每公顷 60 000 穴左右，用种量每公顷 22.5~30 千克。结荚期及时追肥，嫩荚采收期加大肥水量，结合防病治虫，用0.3%~0.5% 的磷酸二氢钾根外追肥。搭架杆高于 2.5米，以保证丰产。中后期加强防治锈病、豆荚螟、蚜虫、潜叶蝇等。

十二、安豇一号

（一）品种特征特性

蔓生，株高 3 米，生长势中等，分枝较少，叶片小，深绿色，

图 4-2-15 安豇一号植株

主蔓结荚为主，结荚率高达 70% 以上。早熟，早春播种到开花 38~40 天，第 1 花序着生于主蔓第 2~3 节，花冠紫红色，每花序结荚 2~3 对，嫩荚淡绿色，平均荚长 65~70 厘米种子肾形，红褐色，平均每荚种子数 18~20 粒；嫩荚肉质紧实，无鼓籽，无鼠尾，纤维少，荚条顺直，粗壮均匀，商品性好，适宜鲜食及加工（图 4-2-15）。露地种植每亩一般产量 2 200 千克左右，前期产量占总产量 60% 以上，适宜春秋露地及早春保护地早熟栽培。

（二）栽培技术要点

1. 施肥整地

豆角不宜连作，最好选择 3 年不种豆类作物的田块种植。豆角地应实行早耕深翻，做到精细整地，以提高土壤保水保肥能力，改良土壤结构，提高土壤肥力。整地前施足底肥，每亩施充分腐熟有机肥 5 000 千克，二铵 40~50 千克，过磷酸钙 30 千克，硫酸钾钾 15 千克。深耕细耙，做高畦，畦宽 1.1 米。

2. 适时播种

露地栽培，春播一般在 3 月下旬至 4 月上旬，秋播 6 月下旬至 7 月上旬。为了更好地发挥安豇一号的早熟特性，可采用大棚、小拱棚保护设施早熟栽培，提早播种，2 - 3 月保护地育苗移栽。播前要精选种子，剔除破损、已发芽、未成熟及不饱满的种子。双行种植，穴距 30 厘米，每穴保苗 2 株，直播每亩用种 2 千克左右。播后覆盖地膜，浇透水。出苗后，及时破孔，将幼苗露出膜外，周围用土封严。

3. 水肥管理

整个生长期要掌握前期防止茎蔓徒长，后期避免早衰的原则。出苗后要及时中耕除草，松土保墒，从出苗到开花需中耕 3~4 次。

苗期注意控制浇水，严防徒长，开花结荚后要加强肥水管理。结荚初期，结合浇水，每亩追施尿素 10 千克，进入结荚盛期隔水追肥 1 次，每次每亩施专用冲施肥 15~20 千克。根据天气情况，及时浇水，雨后注意排水，保持地面见干见湿。开始采收嫩荚后，每隔 7~10 天喷施 1 次 0.3 千克磷酸二氢钾和 0.3 千克尿素混合溶液或叶面肥，可以防止植株早衰，延长开花结荚期，提高产量。

4. 搭架整枝

植株开始甩蔓时及时搭架，用竹竿搭成人字形架，并注意将蔓引到竹竿上去。第 1 花序以下的侧芽要全部抹去，主蔓长到架顶时摘心，中上部侧枝留 4 节摘心，及时除去病老残叶。

5. 病虫害防治

主要病害是白粉病和锈病。在发病初期，喷施 50 千克粉锈宁可湿性粉剂 1 000 倍液，或 70 千克甲基托布津可湿性粉剂 800~1 000 倍液，7~10 天喷 1 次，连续 2~3 次即可。主要虫害是蚜虫和豆荚螟，蚜虫可用克蚜宁乳油 1 500 倍液，或 10% 毗虫威乳油 500~800 倍，或 20% 氰戊菊醋乳油 2 000~3 000 倍液喷雾，7~10 天喷 1 次，连续 2~3 次。豆荚螟可用 5% 锐劲特胶悬剂 2500 倍液，或 10% 除尽乳油 3 000 倍液，或 40% 乐斯本乳油 1 000 倍液等喷雾防治。

6. 适时采收

当豆荚发育饱满，种子刚刚显露时，要及时采收，以确保豆荚鲜嫩松脆。采收时，不要碰伤基部花芽，以利于回头花结荚，提高产量。

十三、浙翠 2 号

（一）品种特征特性

植株蔓生，生长势较强，侧枝多，主、侧蔓均可结荚；第 1 花穗节位在第 7~8 节；三出复叶，叶片较大，小叶长 13.5 厘米、叶宽 8.5 厘米；每花穗结荚 2~4 条，单株结荚数 12~14 条，荚长 69.5 厘米、宽 0.9 厘米，单荚质量 30.5 克，条荚匀称，粗细一致，肉厚，肉质致密，无鼠尾；荚色嫩绿，商品性好；紫红花，种子肾形，百粒质量 15.5 克（图 4-2-16）。熟期偏晚，春季栽培全生育期为 115~122 天，秋季栽培全生育期 105~112 天，采收期长达 38 天左右。抗病毒病、中抗煤霉病、枯萎病。

（二）栽培技术要点

适宜春夏季栽培或秋延后栽培，长江流域一般于 4 - 7 月露地播种，亩用种量 1.5 千克。采用高垄双行栽培，垄距 150 厘米，垄高 25 厘米，垄顶铺地膜，膜周围用土压严，行距 75 厘米，株距 35 厘米，每穴 3 粒，穴深 3 厘米，播种后将穴用疏松土

图 4-2-16　浙翠 2 号植株

壤覆盖。播种后 7~10 天出苗，出苗后应及时查苗补缺。出苗后应早施促苗肥，以促进营养生长。如遇雨天放晴后应及时除去杂草，提高地温，促进根系发育。当植株开花结荚后结合追肥浇水，保持地面湿润。雨季注意排涝，防止积水。生产期间可结合防病治虫适当喷施叶面肥。植株开始甩蔓时应及时搭"人"字架，把蔓引上架杆，架杆要求 2.5 米以上。在豆角荚条已生长充分，而种子尚未膨大，荚条颜色呈淡绿色时及时采收，一般在花后 9~10 天即可采收。及早防治煤霉病、锈病、白粉病等。

十四、早玉 -80

（一）品种特征特性

集荚数与荚重为一体，早熟丰产品种，植株蔓性，长势强，茎叶绿色，主侧蔓同时结荚，始花节位主蔓 3~4 节，侧蔓第 1 节，序成性好，着荚率高，对荚多，嫩荚绿白色，荚面平整，一般长 80 厘米左右，最长的可达 1 米，单荚质量 30 克左右，肉厚，纤维少，质嫩，耐老化，倒花力强，栽培得当的采收盛期长，前后荚形均匀，商品率高，亩产量 2 000 千克以上。种皮红色（图 4-2-17）。

该品种耐低温、抗热、耐涝、抗逆性强、对光照不敏感、适应性广，在我国南北各地春、夏、秋露地或保护地分批适期播种，一般春季生育期110天，夏秋季80天左右。在作春早熟、秋延后栽培中可获取显著的效益。

图 4-2-17　早玉-80 植株

（二）栽培技术要点

分批适期播种，周年供应。4-8月分期露地播种，6-11月陆续上市；春早熟栽培可于3月上中旬在大棚内地膜覆盖直播或育苗，于3月中下旬地膜加小棚覆盖定植，也可3月下旬到4月上旬露地地膜覆盖直播，5-8月陆续上市。日光温室和海南地区栽培可于11月中旬到2月底播种，春节前后至6月陆续上市，也可8月中下旬播种，10-12月上市。每亩用种1.5~2克，育苗移栽的1千克。施足基肥、增施磷钾肥、加强肥水管理，生长前期要壮苗防徒长，抽藤期、结荚初期和盛期各追肥1次，并配以叶面施肥。注意防旱、防渍、防治杂草。

适宜种植密度。早玉-80生长势较强，分枝中等，主侧蔓同时结荚，因此密度要适中，每亩栽植3 000穴左右，每穴定植2~3株，采用大小行，大行距80厘米，小行距60厘米，株距23~25厘米。及时引蔓整枝搭架。采用高架材，抽蔓后及时将蔓绕在架材上。

第五章 棚室豆角栽培管理技术

第一节 育苗技术

豆角大部分都是采用直播方式，但由于冬季大棚播种时土温较低，不利于豆角发芽和培育壮苗。实践证明，育苗移栽，可抑制豆角植株的营养生长，促进开花结荚，降低结荚部位，是豆角早熟丰产的重要技术措施。例如采用直播方法，则生育时间为100~120天；而采用育苗移栽，则生育时间为80~100天，育苗苗龄20~30天，定植后需35~45天采收嫩荚，可维持采收时间长达40~50天。

随着现代化的工厂化育苗的逐渐普及，越来越多的菜农选择育苗工厂育出的穴盘苗（图5-1-1），已经不需要菜农掌握育苗技术。鉴于部分地区菜农还采用营养杯（图5-1-2）或育苗畦育苗的技术，因此简要介绍。

图5-1-1 工厂化育苗　　　　图5-1-2 营养杯育苗

一、品种选择原则

（一）商品性状适应当地市场需求

要选择商品形状好、符合市场需要及消费习惯的品种，一般各个地区都有自己特定的市场需求，选种前做好市场调研。

（二）品种和茬口相适应

就是与当地的自然条件和设施条件相适应。如果当地的自然条件和设施条件不能满足品种的需要，则不可以种植。只有品种的特点与环境协调好了，才能获得较高的效益。比如越冬栽培时需要选择耐低温、耐弱光、商品性好的品种；越夏栽培时就要选择耐高温、耐强光的优良品种。

（三）选择有质量保证的种子

要通过正规渠道购买种子，所购种子应有一定的推广面积，最好是在当地已经试种成功的品种，最好不要采用自家所留的种子，因为可能存在品种退化，影响产量。

二、种子处理与催芽

播种前进行种子处理有利于达到早熟、防止病虫害的目的。种子在播种前一般要经过消毒、浸种和催芽等过程。

（一）浸种和消毒

为了促进发芽和杀死种子所带的细菌、病毒，需要进行种子消毒和浸种处理。常用的是温汤浸种法，即在种子精选后，用 50~55℃的温水浸种 15 分钟，水温必须经过严格的测量，热水浸种时要不断地搅拌种子，使之受热均匀。再用约 25℃温水泡种半小时，待种子吸水膨胀后，剔除不吸水的种子，然后催芽。

（二）催芽

将吸足水分的种子，用湿布包好，放在 25℃左右的地方催芽，待种子出芽后播种。经催芽播种的，出苗早，出芽整齐，播种时要注意保护幼芽，防止幼芽受伤。

（三）播种出苗

育苗床土的准备。应配置营养土，选用 6 份充分暴晒的田园土，4 份充分腐熟的有机肥，过筛后掺和均匀，采用 50% 多菌灵对营养土进行消毒，用药量为 8 克 / 平方米。装入塑料育苗钵或纸筒内，装入量比钵口低 1.5 厘米左右为宜，同时应把育苗畦平整，然后将育苗钵整齐摆入育苗畦中。播种时，每个钵内播入 3~4 粒种子，覆土 3~5 厘米厚营养土。

（四）苗期管理

豆角种子发芽的适宜温度为 20~25℃，幼苗对低温很敏感。播种后的土壤温度过低，易出现烂根现象。在播种后，应尽量提高土壤温度，使温度保持在适宜的范围内。在正常的情况下，播种后种子 4~5 天发芽，经 7~10 天出苗。幼苗出土后，用代森锰锌、百菌清等药剂喷雾，防苗期病害发生。出齐苗前，苗床不通风，出苗后可适当降低温度，苗床要注意在白天及时揭盖草帘，中午通风时防止冷风直吹幼苗，白天保持畦温 20~25℃，使幼苗生长健壮。由于播种时已浇过大水，在墒情较好的情况下，幼苗期不必浇水。若土壤过干，可在中午喷水防旱。

第二节　棚室冬春茬豆角栽培关键技术

利用温室和冬暖大棚，进行豆角越冬栽培，近几年在我国北方各地都有发展，一般在 10 月中下旬播种，春节前后开始采收嫩荚。

一、选用良种

豆角越冬栽培，是在保温性能良好的温室或冬暖大棚中进行的，室内空间大，增温和保湿效果好。生产上大都选用茎蔓较长的蔓生类型的抗寒性较强，早、中熟的优质丰产品种，如之豇 28-2、扬早豇 12、罗裙带、青丰豆角、红嘴燕等。

二、播种

越冬栽培豆角，于初冬开始整地施肥做畦，10 月下旬播种。

为提高地温，促进生长，大都采用高畦栽培，畦高 15~20 厘米，宽 1.2 米，每畦种两行。畦上两行间距离 50 厘米，畦间两行距离 60~70 厘米，墩距 25 厘米，双行密植有利于通风透光，每墩播种 3~4 粒种子，播种深度 2~3 厘米。土壤墒情较好，可用种子直播。如果土壤干旱，可先在畦上开沟浇小水，然后播种覆土，播种后畦上最好能加盖地膜，提高地温，有利于保墒，促进出苗。如果在前茬作物的畦内套种豆角，可以在畦内挖穴播种，播后点浇小水，促进出苗。条件允许，也可采用育苗移栽方式。

三、管理

入冬以后，天气变冷，豆角播种后，要尽力提高室内和土壤温度。出苗前，室内不通风，白天只揭去草帘等不透明覆盖物，增加光照、增加温度。经 5~7 天幼苗出土后，可在白天进行开窗通风，适当降低室内温度，保持 20℃左右，整个豆角生长发育时期白天室内应保持 20~25℃，晚上 10~15℃。雨雪天气要加强保温，积雪浸湿草帘会影响保温效果，还会增加大棚支架的重量，甚至会压垮大棚。因此，大雪过后，要及时清扫室外积雪，并在中午揭去草帘，使豆角植株见光、透气。如果遇上连续的风雪天气，雪后中午也要揭帘晾几个小时，避免连续几天不揭帘。白天只要揭开草帘，就会有光线射入，室内温度增加，湿度降低，长期的阴暗环境不利植株正常生长。

豆角幼苗期宜多次中耕松土，提高土壤温度，增加土壤的透气性，促进新根生长和根系发育，形成壮苗。地膜覆盖需要中耕时，可在畦的两侧揭膜划锄，锄后再将地膜盖好。结合中耕划锄，可增施生物有机肥或氮、磷、钾复合肥料，一般可亩施生物有机肥 500 千克，速效氮肥 50 千克，过磷酸钙 50 千克，硫酸钾 30 千克。浇水后支架。豆角结荚期正处冬季，外界气温低，浇水次数要少，每 10 天左右浇一次，结合浇水，追施肥料。结荚中后期追肥以氮为主，每次可追尿素 10 千克，促进植株正常生长，延长结荚。蔓生品种在冬季栽培可以不进行整枝，如果营养生长过旺，需要整枝时可参照早熟栽培整枝方法。矮生品种在主枝高 30 厘米左右时摘心，促进侧枝发生，提高开花结荚率，促进豆荚生长，提高产量。

四、采收

豆角越冬栽培，是在严寒的冬季生长，生育期环境条件不良，生长速度慢，嫩荚老化也慢，采摘嫩荚的次数也可减少，通常在嫩荚充分长成后采摘，摘晚了会影响以后的幼荚生长和其他花序的开花结荚，不利提高产量。如果一次采收数量太少，不便销售时，采收后的嫩荚可放在温度较低的地方暂存一下，集中后捆把出售。

第三节　早春露地小拱棚长豆角栽培技术

一、培育壮苗

有经验的菜农认为，长豆角直播茎叶旺盛而结荚少，育苗移栽豆荚多。春豆角，特别是春提早栽培的，直播后，气温低，发芽慢，遇低温阴雨，种子容易发霉烂种，成苗差，遇霜冻又易死苗，故以育苗为宜。

育苗可在温室、大棚、小拱棚、阳畦等设施中进行。用营养钵或营养块育苗均可。

（一）播种期

一般于惊蛰前后进行。

（二）播种

预先精选种子，将虫伤、秕粒种子剔除，然后每钵或每营养块播种 3~4 粒。播种后浇水保湿，但浇水不宜过多。再盖 1 厘米营养土后，盖地膜及小拱棚。出土以前不揭地膜，以保温保湿。

（三）育苗期管理

幼苗出土后，用代森锰锌、百菌清等药剂喷雾，防苗期病害发生。出土后揭去地膜，盖小拱棚。管理重点是调控温度，棚内温度控制在20℃左右，即当小拱棚内温度低于20℃时，拱棚以盖为主，棚门以关为主；当小拱棚内温度高于20℃时，揭小拱棚，开大棚门，有利降温降湿。早春出现2~3级以上北风时不要揭膜，以免嫩叶和生长点受伤。

二、整地、施基肥和作畦

豆角喜土层深厚的土壤，播前应深翻25厘米。关键是要施足底肥，菜农有"三追不如一底"的说法，特别强调基肥的重要性，所以要结合翻地铺施土杂肥5 000~10 000千克，过磷酸钙50~75千克或磷酸二铵50千克，钾肥15~25千克。整地后作畦，畦宽1.2~1.3米，每畦移栽两行豆角，穴距20厘米左右（图5-3-1、图5-3-2）。

图 5-3-1　施基肥

图 5-3-2　翻地

三、适时定植

春分后，当第一复叶展开前，可选择冷尾暖头天进行定植。采用地膜覆盖和小拱棚生产，能明显的提早上市和提高早期产量。要

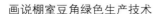

画说棚室豆角绿色生产技术

图 5-3-3　拱棚豆角栽培

随时观察田间情况，当地膜与幼苗将要相互接触时破膜放苗，并注意将苗四周膜边压实，风雨天气过后要仔细观察，膜上有积水要排除积水，被损坏的膜要及时压土或重新覆膜（图 5-3-3）。

定植密度，行株距（60~65）厘米×20厘米，亩栽 5 500 穴，每穴 2~3 株。定植后，用 1∶1 000 倍敌克松药液淋穴，每穴淋药

300 克左右，既可作定根水，又可防治枯萎病、根腐病，一举两得。然后盖小拱棚，密闭 5~7 天，有利缓苗。

四、田间管理

（一）水肥管理

豆角从移栽到开花前，以控水、中耕促根为主，进行适当蹲苗，促进开花结荚；坐荚后，要充分供应肥水，使开花结荚增多。具体做法是：育苗移栽豆角浇定苗水和缓苗水后，随即中耕蹲苗、保墒提温，促进根系发育，控制茎叶徒长。出现花蕾后可浇小水，再中耕。初花期不浇水。当第一花序开花座荚后，几节花序显现后，要浇足头水。头水后，茎叶生长很快，待中、下部荚伸长，中、上部花序出现时，再浇第二次水，以后进入结荚期，见干就浇水，才能获得高产。采收盛期，随水追肥一次，亩用尿素 15 千克、二铵 25 千克或磷酸二氢钾 22~25 千克。

（二）整枝、摘心、打杈

1. 基部抹芽

主蔓第一花序以下各节位的侧芽全部抹掉，促进早开花。

2. 蔓腰打杈

蹲苗期应及时将各混合节位上的小叶芽摘除，促进花芽生长，在侧枝长出的情况下，也可留一叶摘心，利用侧蔓第一节形成花序。

58

3. 打群尖

中后期, 主蔓中上部长出的侧枝, 应及早摘心, 促进豆角生长。

4. 主蔓打顶

主蔓 2 米以上时打顶, 促进各花序上的副花芽形成, 也方便采收豆荚。

（三）及时搭架引蔓

及时抽蔓后, 应及时搭架引蔓。搭架方式有 "人字架" "篱形架" 和 "鸟窝架"。搭架材料有竹竿、树枝和纤维绳。

五、及时采收

春提早栽培的目的是早上市, 获得高收益, 加上豆角又以其嫩荚为商品, 因此应及早采收, 一般在开花后 5~7 天可采收上市。采收时不要损伤花序上的其他花蕾, 更不能连花序柄一起摘下。采摘方法是在嫩荚基部 1 厘米处掐断或剪断。

第四节　日光棚室早春茬豆角栽培关键技术

一、品种选择

豆角从植株形态上分蔓生、半蔓生和矮生三大类, 一般大棚栽培豆角以蔓生和矮生两类居多。由于受大棚栽培环境和栽培条件的影响, 大棚栽培选择的豆角优良品种应具备以下条件: 叶片稍小、节间稍短、主蔓长度中等、座荚容易、较耐弱光、耐寒性强等。可选用 "早玉 -80" "龙须豇" "改良宁豇 3 号" "万寿豇" "扬早豇 12" 等绿白色荚豆角品种种植, 或选用 "三尺绿" 等青色荚早熟品种种植。各地可根据市场需求选定豆角品种。

二、播种育苗

豆角一般以直播为主, 大棚早春栽培则以 2 月中下旬温室育苗为主。豆角根系须根少、再生能力差, 育苗粗放易造成伤根,影响定植后植株生长，因此，宜采用营养钵育苗，可全根定植，这样缓苗早、生长快、提早上市。

（一）营养土配制

选择肥沃田土6份、腐熟有机肥4份，每1立方米床土中加入过磷酸钙5~6千克、草木灰4~5千克，上述肥料整细过筛混合后，掺入0.05%敌百虫和多菌灵或敌克松，堆积10天左右。豆角幼苗在营养过剩的土壤中种植极易烧根，因此营养土配成后，可先用白菜类种子试种，观察2~3天，如有根尖发黄现象，须再加田土调淡，然后装入塑料营养钵内，准备播种。

（二）播种前准备

播种前要晒种1~2天，使种子本身充分干燥，持水量一致，以利于发芽和杀死种皮表面的病原菌和虫卵。

（三）播种

播种时，先将营养钵内的营养土浇透水，每穴放种子4粒，并盖2厘米厚的细土，播种后可在营养钵上加盖地膜，以利保湿。然后提高苗床温度，白天床温保持在33~35℃、夜间在20~25℃，不通风换气，5~6天后出苗。出苗后及时通风排湿，防止幼苗下胚轴伸长。

（四）培育壮苗

豆角出苗后，要特别注意幼苗的温度与湿度管理，出苗率达85%以上时就要开始通风排湿。常规方法是先开天窗0.5小时，再开侧面通风口，通风口要由小到大逐渐降温，防止大风扫苗。白天温度保持在20~30℃、夜间14~15℃。子叶展平、初生真叶展开后，白天温度保持在30℃左右、夜间12~13℃。经10天左右要及时间苗，以每个营养钵内留3株苗为宜。用塑料营养钵育苗，营养土易干，要时常观察苗情，发现叶片下垂时就要补充水分。苗床浇水要选在晴天中午进行，要浇透营养土。根据幼苗叶色判断是否需要补充营养液，补充营养液配方以尿素 1 000 倍液、磷酸二氢钾 1 000 倍液为宜。

（五）苗期炼苗

为增强幼苗的抗逆性和促进定植后幼苗生长快，定植前需炼苗 4~5 天。白天提高温度，增加放风量，夜间适当降低夜温。锻炼时晴天白天温度升高到 30℃后通风，最高温度可达 33~35℃，夜间可降至 8~10℃，加大昼夜温差，使白天光合作用的营养在茎、叶上多积累，使叶色深、叶片厚，以增强幼苗自身素质，提高幼苗抗低温能力。注意营养土不能缺水，一般炼苗前浇 1 次足水。在炼苗期间，要调换苗床营养钵的位置，加大苗株距，使幼苗全身见光。阴雨天要适当保温，避免幼苗受低温危害。炼苗后以达到豆角幼苗生长点和最上面的一片叶平齐、叶片色泽深绿为最佳标准。

三、适时扣膜

早春栽培的正常定植适期为 3 月中下旬。前茬有蔬菜的大棚，在豆角定植前 5~7 天收获完毕；前茬无蔬菜的大棚，在定植前 15~20 天扣棚、不通风，尽量提高棚温，以促使地温提高，使土壤完全解冻。

四、整地施肥定植

（一）施足基肥

一般每亩施腐熟有机肥 2 000 千克、过磷酸钙 50 千克、硫酸钾 20 千克，随耕地施入。耙平后做畦，畦宽 80~90 厘米、高 20 厘米左右，畦沟宽 35~40 厘米、深 15 厘米。

（二）定植

一般采用宽窄行定植，大行 80 厘米、小行 40 厘米，株距 24 厘米左右。幼苗定植深度以子叶露出土面为宜。浇足定植水，待水下渗后，畦面覆盖地膜，地膜宽为 80~90 厘米，把苗拉出"膜眼"封平。若提早定植，可在定植畦上加扣小拱棚进行短期覆盖。棚高80~100厘米，拱棚架用小号竹竿或小棚尼龙棒拱架，覆盖材料可用普通塑料薄膜。定植时要选长势均衡的幼苗，淘汰病苗、弱苗，在大棚边缘及门口处定植大苗，使秧苗生长一致。

五、定植后的田间管理

（一）温度管理

在大棚内幼苗定植初期，要注意温度管理。为促进幼苗生长，要密闭大棚，不通风，保持高温高湿环境4~5天，白天温度控制在20℃以上，一般在25~28℃，夜间为15~18℃，空气相对湿度达60%~80%。当棚内气温超过32℃时，中午应进行短时间的通风换气，适当降温。注意寒流、霜冻等灾害性天气，如遇上述灾害天气，宜采取大棚四周围草帘或覆盖遮阳网等增温措施。缓苗后应开始通风排湿降温，白天温度控制在15~20℃，夜间为12~15℃，防止幼苗徒长。加扣小拱棚的棚内也要通风，外界气温升高后幼苗生长加快，触及小拱棚顶，应撤去小拱棚。随着幼苗的生长，棚温要逐渐提高，白天温度控制在20~25℃，夜间为15~20℃，棚温高于35℃或低于15℃对豆角生长结荚均不利。进入开花结荚期后，温度不宜太高，30℃以上会引起落花落荚，应及时通风，调节棚温，上午当棚温达到28℃时就开始通风，下午降至15℃以下关闭通风口。豆角生长中后期，外界温度稳定在15℃以上时，可昼夜通风。气温稳定在20℃以上时，逐渐撤去棚膜，此时进入结荚后期。

（二）肥水管理

肥水管理要做到前控后促。豆角开花结荚前控制肥水，防止幼苗徒长及茎叶生长过旺，导致花序少且开花部位上升造成中下部空蔓；结荚后要加强肥水管理，促进结荚。在缓苗阶段不施肥、不浇水，若定植水不足，可在缓苗后浇缓苗水，以后不再浇水。进行蹲苗的，从定植至开花前一般不浇水、不追肥。开花期不浇水，否则易引起落花。结荚初期开始浇第1次水，并施追肥，以促进果荚和植株生长，追肥以腐熟人粪尿和氮素化肥为主，每亩施 30% 腐熟人粪尿 500~800 千克，或每 1 平方米施硫酸铵 30 克或硝酸铵 22.5 克。浇水后要加大通风量，排除棚内湿气，以减少发病。结荚盛期是需肥高峰期，肥水不足易造成嫩荚产量和品质显著下降。因此结荚盛期宜集中追肥 3~4 次，一般每亩施 50% 腐熟人粪尿 700~1 000 千克，并及时浇水，一般每 7~10 天浇 1 次水，注意在棚内浇水时，每次浇水量不宜太大，还可结合防病治虫叶面喷施 0.3% 磷酸二氢钾。豆角采收期如肥水不足，植株易早衰，应在整个采收期注意肥水的均衡供应。

（三）搭架引蔓

当植株长出 5~6 张叶片、开始伸蔓时，要及时用竹竿搭"人"字形架，每穴插 1 根，并架横竿连接、扎牢。引蔓于架上，引蔓宜在下午进行，防止茎叶折断。

六、防止落花落荚

（一）原因

幼苗生长初期，花芽分化时遇到低温，直接影响开花结荚。开花期遇到低温或高温或棚内湿度过大或土壤和空气湿度过小等情况均会影响植株授粉受精。在结荚期，若植株生长状况差、营养不良，或植株生长过旺，也会使叶与花之间、花与花之间、果荚与果荚之间争夺养分，从而导致落花落荚。后期由于植株生长势变弱，营养物质减少，也会引起落花落荚。

（二）防治办法

在幼苗期创造适宜的环境条件培育壮苗，防止幼苗受低温危害，从而促进花芽分化；合理密植、及时搭架，创造良好的通风透光条件。在开花期注意温湿度管理，防止温度和湿度过高或过低，同时开花期以保墒为主，促根控秧，为丰产奠定基础。追肥浇水要掌握好促控结合，早期不偏施氮肥，增施磷肥、钾肥。及时防治病虫害，促进植株健壮。及时采收，防止果荚之间争夺养分。在生产上，于开花期喷施生长调节剂，一般喷施萘乙酸 5~25 毫克每千克或对氯苯氧乙酸 2 毫克每千克，可在一定程度上防止落花落荚、提高坐荚率。

七、病虫害防治

豆角的主要病害有锈病、煤霉病、枯萎病、病毒病，主要虫害有豆荚螟、地老虎、斜纹夜蛾、蚜虫、潜叶蝇等，生产上应根据实际情况，采取轮作换茬、合理密植与施肥、加强田间管理、药剂防治等方法控制病虫害的发生。

八、采收

大棚豆角定植后 40~50 天即可开始采收嫩荚，一般在花后10~20 天、豆粒略显时要及时采摘，防止已长成的商品果荚继续生长，对其他小果荚及植株产生影响。成熟初期每 5~6 天采收 1 次，盛期每 3 天左右采收 1 次。豆角的每个花序有 2~3 对以上花芽，采收时不能损伤花序上其他花蕾，不连花一起摘下，以便继续开花结荚。果荚大小不等，必须分次采收，采摘方法是在嫩荚基部1 厘米处掐断或剪断。豆荚采收后及时上市。

第五节　日光温室秋冬茬豆角栽培关键技术

选用前期抗高温、后期耐低温，抗病、抗逆性强，商品性状好、产量高的优良品种，如之豇 28、红嘴燕、湘豇 1 号、宁豇 3 号、燕带豇等。

一、播前准备

（一）深翻整地施肥

在中等肥力条件下，可结合整地每亩施优质腐熟有机肥 3 000千克、尿素 5 千克、过磷酸钙 30 千克、硫酸钾 15 千克。

（二）做畦扣膜

整地施肥后做宽 110~120 厘米的畦，将土坷垃打碎，畦面耧平。

播种前先扣大棚顶膜，两边（棚长方向）裙膜掀起，顶部棚膜封严，这样既可通风降温，也能挡雨。也可敞棚栽培，待气温降低后再扣棚膜。

（三）大棚消毒

每亩大棚用硫黄粉 2~3 千克加 80% 敌敌畏乳油 0.25 千克，拌上锯末，在棚内均匀分堆点燃，然后密闭大棚一昼夜，放风无气味后再播种。也可在播种前利用太阳能高温闷棚消毒。

二、播种育苗

8 月上旬播种育苗。精选纯度 ≥ 95%、净度 ≥ 98%、发芽率 > 95%、水分 ≤ 8% 的种子。播前选晴天在阳光下晒种 2~3 天。在播种畦内按大行距 70~80 厘米、小行距 40~50 厘米开沟，沟深 5 厘米，顺沟灌水，水渗下后播种。播时将种子贴在沟边，距地面约 2.5 厘米，每隔 20 厘米左右点种子 2~4 粒，每亩用种 200~250 克。播后为防止暴晒，要在种子上封一个土垄，高约 2~3 厘米。由于气温高、湿度大，种子发芽很快，3 天左右即可拱土出苗。

三、田间管理

（一）间补定苗

大棚秋延后豆角要早间苗，晚定苗，及时拔除病劣苗。如发现缺苗、断垄，应及时补苗。一般每亩留苗 5 500~6 000 株。

（二）适期中耕

豆角定苗至缓苗后，在不太干旱的情况下，宜勤中耕，松土保墒，蹲苗促根，使植株生长健壮。

（三）浇水追肥

若水肥过多，茎叶生长旺盛，则花序数减少，形成中下部空蔓，一般蹲苗至第 1 花序出现浇第 1 次水，并结合施肥。如定植前底肥不足应在两侧或行间开沟施饼肥或化肥，每亩施饼肥 100 千克，施入后封沟，并适时插架。进入结荚期后要保持畦面湿润，每浇 2~3 次水加施 1 次尿素或硫酸铵 10~15 千克。豆角采收期长，如水肥不足易出现脱荚现象，表现为植株结荚少、生长停止、落叶、不发生侧枝等，因此在整个采收期要注意水肥的充足供应，特别是在高温季节易出现停长现象，俗称"伏歇"。应及时防病、治虫、打老叶、中耕除草和追肥浇水，促使植株旺盛生长，萌发侧枝和花芽，形成产量高峰。此外，生长期叶面喷施 0.2%~0.5% 的硼、钼等微肥有利于结荚。

（四）植株调整

（1）抹侧芽。第 1 花序出现后，应及时抹去花序下的侧芽，可使主蔓生长好，营养集中，坐花多。

（2）打腰枝。主蔓第 1 花序以下的侧枝，都应在早期留 2~3 叶摘心，促使侧枝上形成 1 穗花序。

（3）摘心。当主蔓生长到 15~20 节、达 2~2.5 米高时要进行摘心，以控制植株营养生长，促进多发生侧枝，形成较多花芽。

（4）搭架引蔓。抽蔓期及时搭架引蔓，架材可采用拇指粗、高度比棚顶略低的竹竿，也可用纤维绳垂直引蔓。应经常引蔓，使蔓在架材上有序攀缘，避免藤蔓交错，影响通风透光和操作。

（5）藤蔓管理。当藤蔓触到棚膜时，应及时引导蔓尖向两边长，以免藤蔓唯积在棚膜附近损坏棚膜，同时防止棚膜附近温度过高，灼伤植株蔓、叶，再者可增加透光性，提高植株下部的光合作用。

（6）防早衰。及时清除病叶、老叶，减少养分消耗，防止植株早衰。

（7）侧蔓管理。结荚盛期结束时，新萌发的侧蔓要倍加管理，及时引蔓。

（五）扣裙膜

9 月下旬，当外界夜间气温降低到 13℃以下时，要及时扣上大棚两边的裙膜。敞棚栽培的要及时扣棚膜。

（六）温度调节

扣裙膜后，白天要加强放风管理，使棚内最高温度不能超过32℃，夜间不能低于13℃。随着外界气温的下降，逐步提高白天的温度，蓄存热量，以提高棚内夜温。10月中旬以后进入低温期，以防寒保温为主，适当通风换气，在大棚周围特别是北边围草苫，以防外界低温的侵袭。

四、分批采收

根据当地市场消费习惯及品种特性及时分批采收，以减轻植株负担，并确保商品品质，促进后期植株生长和荚膨大。豆角一般在花后10~20天豆粒略显时采收，收获初期每4~5天采摘1次，盛期每1~2天采摘1次。采收时要特别注意保护小花蕾不受损害，最好在嫩荚基部1厘米处剪断。采收完毕后将残枝败叶和杂草清理干净，进行无害化处理，保持田园清洁。

五、病虫害防治

（一）物理防治

（1）前作收获后及时清园，减少病害和虫害来源。

（2）深翻晒土，杀死病菌和虫卵。

（3）挂黄板诱杀白粉虱、美洲斑潜蝇。用100厘米×20厘米的纸板，涂上黄漆，再涂一层机油，顺行置于植株上方，每亩挂30~40块。一般隔7~10天后要重涂1次。

（4）设防虫网阻虫。在大棚通风口处用防虫网密封，以阻止蚜虫迁入。

（5）银灰膜驱避蚜虫。可将银灰膜剪成10~15厘米宽的膜条，挂在棚室放风口处驱避蚜虫。

（6）用黑光灯诱杀多种地下害虫的成虫。

（7）覆盖大棚无滴膜后应注意通风换气，降低湿度，减少病菌滋生。

（二）化学防治

化学防治病虫时不允许使用高毒高残留农药，并优先采用粉尘剂、烟雾剂，喷雾防治时注意轮换用药，合理混用。

（三）生物防治

用饲养害虫天敌的办法防治害虫。

第六节　提高大棚豆角结荚率的措施

大棚栽培菜豆普遍结荚率较低，提高菜豆的结荚率是增加产量的关键，提高结荚率应从以下 6 个方面做起。

一、调控温度

白天控制在 24~26℃，夜间控制在 15~16℃，温差应在 10℃左右，切忌温度过高，当温度长期高于 26℃时易发生徒长，因而坐荚率就低；花期要把白天温度适当降低，以 24℃左右为宜，当温度长期高于 30℃时，易发生落花落荚现象。因此，合理调控好温度，是提高结荚率的一项重要措施。

二、合理施肥

在施足有机肥做基肥的基础上，花荚期还需追肥 2~3 次，以达到长荚保叶的目的。追肥时注意氮肥适量，氮、磷、钾施肥要配合，结荚期要施足钾肥，避免氮肥过量，造成植株徒长，导致落花落荚。追肥以复合肥和腐殖酸类肥料为主，追肥随水冲施，每亩每次冲施 7.5~10 千克为宜。

三、适期浇水

豆角水分管理应遵照"干花湿荚"前控后促的浇水原则，出苗后到开花应以控水为主，如果墒情好，只在临开花前浇 1 次水，供开花所需，然后一直蹲苗到荚果初期才开始浇水。坐荚后植株生长较快，分枝逐渐开花结果，需要大量水分，这时应以促为主，适当加大浇水量，使土壤水分稳定在田间最大持水量的60%~70%。

四、通风透光

为避免豆角枝蔓互相遮阳，大棚应采用尼龙绳吊蔓，亩栽培密度应控制在 2 000 株以内，密度过大相互遮光又不通风，会造成只长秧结荚少的问题。要及时摘除下面枯老黄叶及病虫枝叶，改善通风透光条件，减少养分消耗，有利于保花保荚。

五、及时采收

及时采收既可保证豆荚品质鲜嫩，又减轻了植株负担，有利于其他花开放结荚，还可以延长采收期。一般豆角花后第 14 天采收，荚的鲜重最大。采收豆荚时，不要损伤花序上其他的花蕾。

六、药剂处理

在开花期用 5~15 毫克每千克的萘乙酸喷施花序，对抑制离层形成、防止落花，提高结荚率有较好的效果。

第七节　日光温室豆角防重茬的几种栽培措施

一、正常栽培方式

（一）土壤施肥，消毒方法

6－9 月，利用夏秋季节温度高，光照好的有利时机，即在上茬作物收获后，田同清沽完毕进行消毒，具体方法如下：

（1）撒施有机肥，每亩使用稻草，或玉米秸等有机物 2 000 千克，或未腐熟鸡粪 2 000 千克，石灰氮颗粒剂 80 千克，均匀混合后撒施。

（2）深翻 30 厘米。

（3）起垄作畦，垄高 25 厘米，宽 30 厘米。

（4）密封地面，用透明薄膜将地表而覆盖封严。

（5）膜下灌水，直至阳畦面湿透土层为止。

（6）密封温室，利用日光加温，使地表温度达70℃以上，持续15~20天。

（7）揭膜晾晒，消毒完成后，翻耕畦面，3天后定植。

（二）种子处理方法

提倡用生物浸种，太阳光晒种等无公害方法，选择晴天晒种4~6小时，用55℃温水浸种，也可以用生物叶面肥浸种，用50份水、一份肥浸种6~12小时。

（三）苗期管理

出苗后及时拔掉病苗，弱苗，药剂防治猝倒病。

（四）定植后的管理

（1）正确使用地膜。在定植后的20天左右扣地膜，用剪刀把地膜剪开，有利于扎根，以防白粉病的发生。

（2）科学合理的浇水。生产上通常做高畦覆地膜，栽苗，沟中浇水，这样做的结果是浇小水墒情不够，浇大水降地温，遇上阴天寒根，黄叶甚至死苗，应改成定植前4~5天在预做高畦的基部开沟浇水，水渗后立即抱沟做高畦，过4~5天，选晴天在高畦上点水栽植秧苗，这样墒情好，地温高，缓苗快。低温季节，主要靠地膜全覆盖保墒，掌握不旱不浇，浇水前要听天气预报，做到浇水后有3~5天晴朗天气，浇水用的水最好是棚室储存的水，温度适宜。

（3）科学施肥。植物所需，土壤供给，不间断地供给才是最理想的，并不是多施肥就能获得高产量，因为植物是以最缺元素形成产量的，多施某一种肥料，倒有可能引起缺素症、土壤酸化和盐渍化。最好是测土配方施肥，缺什么补什么，若没有条件测土，可采取从定植到拉秧每40天冲施微生物肥250毫克，每20天喷施叶面肥一次。

二、采取秸秆生物反应堆和植物疫苗技术栽培方式

（一）有机肥等用量

每亩饼肥 100 千克，牛、马等食草动物粪便 3~4 立方米。

（二）每亩用菌种量

每亩用菌种 6~8 千克，疫苗 2~3 千克。

（三）菌种和疫苗使用前处理

使用时按 1 千克菌种掺 20 千克麦麸、18 千克水，搅拌均匀，堆积 4~5 小时，开始使用。疫苗处理方法同菌种，3 天内用完。

（四）操作时间

行下内置式，定植前 15 天进行，行间内植式，定植后进行。

1. 行下内置式秸秆反应堆操作方法

种植前在小行下开沟，沟宽与小行相等，一般 60~70 厘米。沟深 20 厘米，沟长与行长相等。挖出的土壤放两侧，沟内添加秸秆，踏实后秸秆厚度为 30 厘米。沟两侧露出 10 厘米的秸秆。填完秸秆按每沟菌种用量均匀撒在秸秆上，然后将土回填。土厚度为 15 厘米左右。然后挖穴或开小沟，将疫苗撒施于定植穴内，与土壤均匀掺和。植苗浇水覆土，覆膜。定植后，在每行两株之间用 14 号钢筋打孔，孔距 15 厘米，孔深标准为穿透秸秆层。

2. 行间内置秸秆生物反应堆操作方法

在定植后的大行间起土 15~20 厘米。秸秆厚度 30 厘米，填平秸秆并踏实。沟两侧露出秸秆 10 厘米。菌种按每沟用量均匀撒在秸秆上，将土回填。然后浇水，水润湿秸秆（仅浇一次），以后浇水在小行间进行。待 6~7 天后盖地膜打孔，按 30 厘米一行，20 厘米一个进行，钢筋为 14 号，孔深以穿透秸秆层为准。

三、大棚蔬菜秸秆就地还田肥料化技术应用

蔬菜秸秆藤蔓一般都做垃圾处理，粗略算下来，仅大棚蔬菜

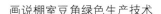

画说棚室豆角绿色生产技术

每年产生 1 500 万~2 000 万吨蔬菜秸秆垃圾，不是被扔在沟边地头，就是被放在路边，等晾干后再作焚烧处理。既污染了环境，又造成了资源浪费。每年由蔬菜秸秆产生的大棚垃圾，因为无休止的乱扔乱放，不仅严重阻碍交通、污染环境、破坏村容村貌，

图 5-7-1　蔬菜秸秆垃圾（一）

图 5-7-2 蔬菜秸秆垃圾（二）

图 5-7-3　蔬菜秸秆原位还田（一）

而且造成了大量的资源浪费和长年的火灾隐患，大棚垃圾清运处理也成了县、乡、村三级政府长期的伤痛（图 5-7-1、图 5-7-2）。

如果利用专用机械将大棚蔬菜秸秆藤蔓就地粉碎还田，将复合微生物菌剂施入大棚内，并与土壤及粉碎的秸秆和粪肥混合均匀，灌足水分，封棚发酵，微生物菌剂使土壤中的有机质和有机肥、碎秸秆快速发酵、腐熟、分解，能够快速灭杀秸秆和土壤耕作层中的病虫害，快速提高土壤有机质和肥力，有机粪肥、秸秆腐熟发酵产生的热量和

大棚密封条件下太阳提供的热能使土壤快速升温，创造一个高温潮湿的土壤环境，能够使大棚内温度达到 70~80℃，棚内高温再传导到土壤中，可是棚内土壤温度达到 45~60℃，通过大棚高温能够灭杀游离于空气中、附着于墙壁、塑料薄膜等物料上的病虫害。该技术能有效地改善土壤环境，对农药、化肥进行双控双减，达到以地培苗，以苗养地的自我修复的良性循环状态（图 5-7-3、5-7-4）。

具体流程是：

图 5-7-4
蔬菜秸秆原位还田（二）

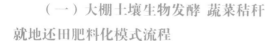

（一）大棚土壤生物发酵 蔬菜秸秆就地还田肥料化模式流程

（1）选择 6-8 月为土壤处理秸秆还田的最佳时期，温室大棚蔬菜采收结束，清除地膜等物体，用蔬菜秸秆还田机就地将蔬菜秸秆粉碎撒匀（秸秆产量因不同蔬菜种类而异）。然后在地面上铺撒有机肥（有机肥的数量因不同种类而异，每亩施用 20~40 平方米）。撒施高含量的特制生物菌剂（菌剂用量每 60 千克/亩）。喷施专用菌液。

（2）土壤深耕 25~35 厘米，使蔬菜秸秆、有机肥、特制微生物复合菌种与土壤混合均匀，耕后做成 3~4 米大畦。

（3）灌足水分、密封棚膜所有放气口，待 7~8 天后上部土壤干燥时，再灌一遍，或灌水后直接覆盖地膜保温保湿，土壤高温发酵 15~20 天。

（4）温室大棚放风，并进行二次旋耕、打埂、整畦、定植下茬作物。

（5）土壤生物发酵蔬菜秸秆还田原理，该土壤生物发酵方法应用特制微生物菌剂，太阳能以及温室大棚的保温保湿条件，三者有机结合，施肥与蔬菜秸秆还田，土壤生物发酵同时进行。

其主要的作用原理有两点，一是投入特制的复合微生物菌剂，在前期利用有益微生物菌快速的繁殖和代谢活动，使土壤中的有机质和有机肥料、秸秆快速发酵、腐烂、分解。能够快速修复还原和改善土壤的物理性状，快速提高土壤有机质和肥力。有机肥、秸秆腐熟发酵产生的热量和大棚密封条件下太阳提供的热能使土壤快速升温，创造了一个高温的土壤环境，能够使大棚内的温度达到70~80℃，棚内高温再传导到土壤中，可使棚内土壤温度达到45~60℃。通过温室大棚内部的高温能够杀灭游离于空气中、附着于墙壁、塑料薄膜等物料上的病虫害。通过土壤高温和菌剂的作用，能够杀灭耕作层内枯萎病、黄萎病、纹羽病、立枯病、根腐病、黑斑病、黑点病、灰霉病、锈病、褐斑病、炭疽病、白粉病、轮纹病等土壤中寄生或带病菌秸秆上的病菌。杀灭土壤中的线虫及某些在发芽中的杂草种子及生长中的杂草。

（二）非高温季节秸秆还田处理办法

在高温季节以外的其他季节进行蔬菜秸秆就地还田，因受季节限制不能结合利用高温，故对蔬菜秸秆和棚室空间的病虫草害必须进行预先处理，可用杀灭效果好的烟雾剂或辣根素进行消杀，1~3天后棚室放风换气，再清除地膜，解下吊绳，挖好拖拉机工作通道，进行秸秆粉碎工作，然后撒施有机肥，撒施高含量的特制生物菌粉剂，喷施专用生物菌液，菌剂用量60千克每亩，旋耕土壤，整地做畦，定植蔬菜。

以上三种栽培方式为预防日光温室豆角重茬病提供了良好的措施。

第六章 豆角主要病虫害的识别与防治

第一节 豆角主要病害

一、豆角疫病

症状：根茎受害水渍状缢缩变细，萎蔫枯死。叶片坏死斑，皱缩不平整，叶脉变细、色深，雨水多时常腐烂，晴天干燥后病处青白色，易破碎。豆荚很快致全荚软腐（图6-1-1）。

防治方法：轮作；选用抗病品种；种子消毒；保证通风；降低湿度；彻底清除病残枯枝；58%甲霜灵·锰锌可湿性粉剂800倍液混合海藻肥灌根。

图 6-1-1 豆角疫病

二、豆角煤霉病

症状：煤霉病又称叶霉病或叶斑病，高温潮湿有利该病发生，主要危害叶片，茎蔓和豆荚也能受害。初期在叶片两面生出紫褐色斑点，以后扩大成淡褐色近圆形病斑，潮湿时表面密生煤烟状霉层，叶片背面多于正面。严重时，叶片变小、病叶干枯、早落、结荚减少（图6-1-2）。

防治方法：轮作；选用抗病品种；加强棚室管理，合理密植，使通风透光良好，防止湿度过大。合理多施有机肥，增施磷钾肥和微肥，提高植株抗病力。

图 6-1-2 豆角煤霉病

发病初期摘除病叶，及时清洁棚室，减轻病害蔓延。

药剂防治：翻地时喷用 1 000 万单位农用链霉素；发病初期可用 25% 多菌灵可湿性粉剂 400 倍液，或 50% 甲基托布津可湿性粉剂 500 倍液，或 75% 百菌清可湿性粉剂 600 倍液，或 65% 代森锌可湿性粉剂 500 倍液喷雾，每 7~10 天喷一次，连续防治 2~3 次。

三、豆角枯萎病

图 6-1-3 豆角枯萎病

症状：从下部叶片开始，叶片边缘、尤其是叶片尖端出现不规则水渍状病斑，继而叶片变黄枯死，并逐渐向上部叶片发展，最后整株萎蔫死亡。病株根茎处皮层常开裂，其维管束组织变褐（图 6-1-3）。

防治方法：选用抗病品种；轮作；土壤消毒；25% 多菌灵可湿性粉剂 500~1 000 倍液海藻肥灌根，7 天 1 次。50% 甲基硫菌灵可湿性粉剂 500 倍液或 47% 加瑞农可湿性粉剂 500 倍液海藻肥喷施，5~7 天 1 次，连喷 2~3 次。

四、豆角灰霉病

（一）发生及危害特点

灰霉病是保护地豆角的主要病害，茎、叶、花、荚均会受害。茎部发病，开始在距离地面 11~15 厘米处出现云纹斑，周围深褐色，病斑中部淡棕色至浅黄色，干燥时表皮破裂形成纤维状，潮湿时，病斑上产生灰色毛霉层。病菌从茎蔓分枝处侵入，形成水渍斑，凹陷，逐渐萎蔫。苗期子叶发病，病斑水渍状，子叶变软下垂，病部周围长出灰白色霉层。叶片受害，多从叶尖开始发病，呈"V"字形，向内发展，初呈水浸状，浅褐色，也可在叶中间形成浅褐色斑块，严重的病块连片，表面着生灰霉，叶片枯死，荚部受害多以嫩荚为主，顶部至全荚形成淡褐色病块斑，凹陷，潮湿时密生灰霉（图6-1-4、图6-1-5）。该病最适温度为13~21℃。相对湿度95%以上、20℃左右温度和高湿条件下病害最易发生。如菌量大，危害加重。

图6-1-4　灰霉病荚果症状

图6-1-5　灰霉病茎（蔓）症状

（二）防治方法

加强棚室温湿度管理，特别注意通风排湿，降低棚室内湿度，缩短结露时间，同时采取以下化学防治方法控制病害危害。

（1）粉尘法。在发病初期的傍晚用喷粉器喷撒6.5%甲霉灵粉尘剂。

（2）烟雾法。发病初期用10%速克灵烟剂于傍晚点燃闭棚熏蒸。

（3）喷雾法。在发病初期喷洒下列1种农药，或几种农药交替使用：50%速克灵可湿性粉剂1 500倍液、50%扑海因可湿性粉剂1 500倍液、50%多菌灵可湿性粉剂600倍液、50%多霉灵可湿性粉剂800~1 000倍液，每隔7~10天喷1次，连喷2~3次。

五、豆角锈病

（一）发生及危害特点

第一阶段：叶片的病斑圆形，初黄绿色，多数微凹，后渐为褐色的圆形病斑，直径 1.3~4 毫米，有黄绿色晕环，病斑有褐色至黑褐色的小粒点。最后褐色部分脱落，形成穿孔。

第二阶段：叶片背面，有大量的锈孢子密集在一起，似黄白至淡黄褐色的粗绒状霉。叶脉、叶柄及蔓茎受侵后，病斑梭形或近梭形条状，稍隆起、褪绿有水渍感，在蔓茎上有时出现纵裂，中央持有褐色至黑褐色小粒点。

第三阶段：主要的为害阶段和决定病害流行程度的重要时期。叶片、蔓茎、叶柄及花梗上出现夏孢子堆，春播植株现蕾或初花时，近地面的成熟叶先发病，逐步向上蔓延。夏孢子堆叶两面生，近圆形，初为白色小疱斑，渐为灰褐色，成熟后多从顶部破裂，散出红褐色粉状的夏孢子。条件适合时夏孢子堆外可形成次生夏孢子堆。叶上夏孢子堆有或无黄晕，也能产生浅褐色具深褐边缘的枯斑，单个枯斑圆形或近圆形，初青枯色失水状，自然情况下不破裂穿孔，多个枯斑相连常为不定型。在变淡及发黄的叶上，夏孢子堆周围绿色，形成绿岛。其中以具黄晕的症状最为普遍。蔓茎、叶柄及花梗上的夏孢子堆多为近圆形或短条状，也可围生一圈长圆形的次生夏孢子堆。

第四阶段：随着植株衰老或天气转凉，夏孢子堆转变为黑色的冬孢子堆，散出栗褐色粉状的冬孢子。

第五阶段：在越冬病残体上产生，无其他症状（图6-1-6）。

（二）防治方法

图 6-1-6 豆角锈病

（1）农业防治。实行轮作倒茬，选择抗病品种。不能在早豆角地中套种迟播豆角，迟豆角和早播重病田应间隔一定距离；阴雨季节搞好菜田清沟排水，防止低洼地积水；合理密植，保证通风良好，及时搭好支架，搞好菜园清洁，收获后将病叶清除干净集中烧掉。避免前期氮肥施用过多。

（2）药剂防治。发病初期喷 15% 三唑酮可湿性粉剂 1 000~1 500 倍液，或 75% 百菌清可湿性粉剂 600 倍液，或 40% 氟硅唑乳油 8 000 倍液，或 50% 萎锈灵乳油 800 倍液，或 50% 硫黄悬浮剂 200 倍液，或 30% 固体石硫合剂 150 倍液。每隔 10~15 天喷 1 次，连续 2~3 次。发病初期开始喷药。药剂可用 15% 三唑酮可湿性粉剂 1 000~1 500 倍液，或 30% 氟菌唑可湿性粉剂 2 000 倍液，或 25% 丙环唑乳油 3 000 倍液，或 50% 硫黄悬浮剂 200 倍液等进行喷雾每隔 10~15 天，或 75% 百菌清可湿性粉剂 600 倍液。

六、豆角根腐病

（一）发生及危害特点

图 6-1-7　豆角根腐病

主要为害根部和茎基部。一般出苗后 7 天开始发病，21~28 天进入发病高峰。发病初期，植株下部叶片变黄，病部产生点状病斑，由支根蔓延至主根，引起整个根系腐烂或坏死。病株易拔起。纵剖病根，可见维管束呈红褐色，病情扩展后向茎部延伸。主根全部发病后，地上部茎叶萎蔫枯死（图 6-1-7）。湿度大时，病部产生粉红色霉状物，即病菌的分生孢子。

（二）防治方法

1. 农业防治

（1）选用抗病品种，如之豇 844、早生王、华豇 4 号、春宝、龙星 90、绿领 8 号等。

（2）水旱轮作，或与非豆科作物实行 2 年以上轮作；深沟高畦，防止积水，雨后及时排水。

（3）加强田间管理，增施磷钾肥，提高植株抗病力。

（4）利用塑料大棚、地膜覆盖、育苗移栽种植长豆角，可大大减轻豆角根腐病的发生。

2. 药剂防治

（1）播种前 7~10 天，选择阴天或晴天傍晚，用竹醋液 130 倍处理土壤，或用保得土壤接种剂 20~40 克与基肥混施穴内或作定根水灌浇。

（2）根腐病是土传病害，一定要提前灌药预防，在发病后用药，效果较差。药剂可用 40% 多菌灵，或五氯硝基苯可湿性粉剂 800 倍液，或 15% 恶霉灵水剂 450 倍液，或 45% 敌磺钠可湿性粉剂 500 倍液，或 20% 五氯硝基苯粉剂 800 倍液，或浇淋植株基部或灌根。在出苗后 7~10 天或定植缓苗后，开始第 1 次施药灌根 250 毫升。每隔 7 天浇淋 1 次，连续 3 次。

七、豆角红斑病

（一）发生及危害特点

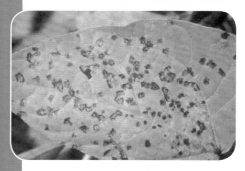

图 6-1-8　豆角红斑病

发病株先是下部的老叶发病，逐渐向上蔓延。发病初期，叶片上出现紫红色小病斑，由于受到叶脉的限制，病斑为多角形，后很快发展为不规则形或多角形病斑，紫红色至紫褐色，大小变化较大，直径 3~18 毫米不等，病斑的边缘为灰褐色，后期病斑中部变为暗灰色，叶背面密生灰黑色霉，即分生孢子梗和分生孢子（图 6-1-8）。

（二）防治方法

（1）农业防治。选无病株留种。收获后进行深耕，有条件的实行轮作。

（2）物理防治。播前用 45℃温水浸种 10 分钟消毒。

（3）药剂防治。发病初期喷 75% 百菌清可湿性粉剂 600 倍，或 30% 碱式硫酸铜悬浮剂 400 倍液。每隔 7~10 天喷 1 次，连续 2~3 次。

八、豆角炭疽病

（一）发生及危害特点

发病时在茎上产生梭形或长条形病斑。病初病斑为紫红色，后色变淡，稍凹陷以至龟裂，病斑上密生大量黑点。雨季发病较多，病部往往因腐生菌的生长而变黑，加速茎组织的崩解。轻者生长停滞，重者植株死亡（图 6-1-9）。

图 6-1-9　豆角炭疽病

（二）防治方法

（1）种子消毒。用种子重量 0.4% 的 40% 多·硫悬浮剂或 60% 防霉宝超微粉 600 倍液浸种 30 分钟，洗净晾干播种。

（2）农业防治。选用抗病品种。注意从无病荚上采种。实行 2 年以上轮作。

（3）药剂防治。使用旧架材时要用 50% 代森铵水剂 800 倍液消毒。发病初期开始喷 75% 百菌清可湿性粉剂 600 倍液，或 70% 甲基托布津可湿性粉剂 500 倍液，或 80% 炭疽福美可湿性粉剂 800 倍液，或 70% 甲基托布津可湿性粉剂 800 倍液加 75% 百菌清可湿性粉剂 800 倍液。每隔 7~10 天喷 1 次，连续 2~3 次。

九、豆角病毒病

（一）发生及危害特点

嫩叶出现花叶、明脉、褪绿或畸形等症状，新生叶片上浓绿部位稍突起呈疣状；有的病株产生褐色凹陷条斑，叶肉或叶脉坏

图 6-1-10　豆角病毒病

死。病株生长不良、矮化、花器变形、结荚少，豆粒上产生黄绿花斑；有的病株生长点枯死，或从嫩梢开始坏死（图6-1-10）。

（二）防治方法

（1）农业防治。加强早期灭蚜，特别是干旱年份更应注意防蚜。选用抗病品种，精选种子，培育壮苗，提高植株本身的抗病能力。实行轮作，避免重茬种植，加强肥水管理，增施磷钾肥。加强室内管理，病株、病叶及时清除烧毁，减少病源。

（2）药剂防治。发病前或病初，用200倍波尔多液，或50%多菌灵可湿性粉剂500~800倍液，或50%甲基托布津可湿性粉剂600~1 000倍液等杀菌剂喷雾防治病害。发现蚜虫及时喷50%的敌敌畏溶液1 000倍液、50%抗蚜威可湿性粉剂1 000倍液、50辟蚜雾2 500~3 000倍液防治蚜虫，重点喷叶背面，消灭病毒源。

十、豆角基腐病

（一）发生及危害特点

主要为害幼苗，引起苗前烂种和刚出土后幼苗发病。发病时子叶上产生椭圆形红褐色病斑，病斑逐渐凹陷；茎基部和根部产生至长条状红褐色凹陷斑，逐渐扩展到绕茎1周，病部干缩或龟裂，引起病苗生长缓慢或干枯而死（图6-1-11）。

图6-1-11　豆角基腐病

（二）防治方法

（1）农业防治。选用排水良好的向阳地块育苗，苗床土用无病原新土，育苗前床土充分晾晒；施用石灰调节土壤酸碱度，使育苗畦和种植豆角田块酸碱度呈微碱性；加强苗床管理，科学放风，防止苗床或育苗盘高温高湿条件出现。苗期做好保温，防止低温和冷风侵袭，浇水要根据土壤湿度和气温确定，严防湿度过高。浇水时间最好是在上午。

（2）药剂防治。用种子重量0.2%的40%拌种双拌种，苗床或育苗盘药土处理，用40%拌种灵与福美双1：1混合8克每平方米。发病初期喷20%甲基立枯磷乳油1 200倍液，或10%恶霉灵水悬剂300倍液，或15%恶霉灵水剂450倍液，或72.2%霜霉威水剂800倍液加50%福美双可湿性粉剂800倍液喷淋，或80%代森锰锌可湿性粉剂600倍液防治。

十一、豆角白粉病

（一）发生及危害特点

初期叶片背面产生圆形小白斑，后扩大，相互连接，遍布全叶，沿叶脉扩展成粉带，颜色由白色转为灰白色至紫褐色，严重时叶面出形成病斑，致叶片枯黄脱落（图6-1-12）。

图6-1-12　豆角白粉病

（二）防治方法

（1）农业防治。选用抗病品种；彻底清除病残枯枝；增施磷钾肥。

（2）药剂防治。发病初期喷70%甲基硫菌灵可湿性粉剂500倍液，或30%氟菌唑可湿性粉剂2 000倍液，或30%固体石硫合剂150倍液，或50%硫黄悬浮剂300倍液，或2%抗霉菌素水剂150~200倍液，或1%武夷霉素水剂150~200倍液，或15%三唑酮可湿性粉剂800~1 000倍液，或20%三唑酮乳油1 500~2 000倍液，或30%氟菌唑可湿性粉剂2 000倍液。每隔7~10天喷1次，连续3~4次。

图 6-1-13　豆角轮纹病

十二、豆角轮纹病

（一）发生及危害特点

多在开花结荚后发生，叶片发病，初生红褐色小斑点，微突起，扩大后，病斑圆形或近圆形，直径 4~8 毫米，红褐色，边缘明显，斑面上有明显的同心轮纹，病部组织不穿破，也不产生黑色小粒点。叶脉发病，呈褐色坏死斑。天气潮湿时，常在叶片背面病斑上产生灰色霉状物，严重时引起落叶。茎蔓上发病呈褐色不规则条斑，并向左右四周扩展围绕，最后引起上端茎叶凋萎枯死（图 6-1-13）。

（二）防治方法

发病初期，可选用 80% 代森锰锌可湿性粉剂 600 倍液，或 50% 咪鲜胺锰盐可湿性粉剂 1 500~2 500 倍液、20% 咪鲜胺乳油 1 500~2 000 倍、40% 噻菌铜悬浮剂 500~600 倍、25% 嘧菌酯悬浮剂 1 000~2 000 倍、40% 氟硅唑乳油 6 000~8 000 倍、70% 丙森锌可湿性粉剂 600~800 倍、65% 代森铵可湿性粉剂 500 倍、45% 百菌清可湿性粉剂 800~100 倍液等喷雾防治。

第二节　豆角主要虫害

图 6-2-1　豆野螟

一、豆野螟

（一）发生及为害特点

豆野螟幼虫现蕾前主要为害叶片，以后钻入花冠及幼荚蛀食为害，造成花蕾与荚的脱落，蛀食后产生蛀孔，并产生粪便引起豆荚腐烂，严重影响豆角的产量和品质（图6-2-1、图6-2-2）。

图 6-2-2　豆野螟危害豆角

（二）防治方法

（1）农业防治。选用早熟品种，实行间作，保持棚室内一定湿度可减轻为害。及时清除田间落花、落荚，摘除被害的卷叶和豆荚集中烧毁处。加强管理，消灭越冬虫源，及时翻耕整地或除草松土。

（2）药剂防治。发现幼虫立即用10%氯氰菊酯乳油800倍液，或50%杀螟松乳剂1 000倍液，或25%敌百虫粉剂500倍液，或80%敌敌畏乳油1 000倍液喷杀，隔7~10天一次，连续喷2~3次。

二、豆荚螟

（一）发生及为害特点

豆荚螟每年6-10月为幼虫为害期。幼虫为害豆叶、花及豆荚，初孵幼虫即蛀入花蕾或花器，取食幼嫩子房、花药，被害花蕾或幼荚。三龄以上的幼虫除少部分继续危害花外，大部分蛀荚为害，蛀入孔圆形，少数也可吐丝卷叶为害，在内

图 6-2-3　豆荚螟

蚕食叶肉，只留下叶脉。可缀联花与荚、荚与荚、荚与叶，钻入豆荚内，取食果粒和豆荚。多在两荚碰接处或在荚与花瓣、叶片及茎秆贴靠处蛀入，荚内及蛀孔外堆积绿色粪便，被害荚在雨后常致腐烂。受害豆荚味苦，不能食用（图6-2-3）。

（二）防治方法

必须在蛀入豆类之前把它们杀灭，即从现蕾后开花期开始喷

药，可选用70%吡虫啉水分散颗粒剂10 000~15 000倍液，或2.5%高效氟氯氰菊酯乳油1 500~2 000倍液、48%毒死蜱乳油1 000~1 500倍液、52.25%毒死蜱·氯氰菊酯乳油1 000~2 000倍液、15%茚虫威悬浮剂3 500~4 000倍液、1%阿维菌素乳油2 000~3 000倍液等轮换喷雾。

三、红蜘蛛

（一）发生及为害特点

高温干燥是红蜘蛛大量增殖的有利条件。红蜘蛛的幼虫和成虫在豆角叶的背面吸食汁液，使叶片局部形成灰白色小点，随后逐步扩展，形成斑驳状花纹，为害严重时，使叶片成锈色干枯脱落，似火烧状，植株生长受抑制，造成严重减产（图6-2-4、图6-2-5）。

图6-2-4　红蜘蛛　　　　　　图6-2-5　红蜘蛛为害的温室豆角

（二）防治方法

（1）农业防治。幼苗期间，注意及时浇水，避免干旱。培育壮苗，及时摘除病叶和枯黄叶可有效地减少虫源传播。

（2）药剂防治。用20%双甲醚乳油1 000~1 500倍液、50%达螨灵1 500倍液、2.5%天土星2 000倍液、20%三唑锡1 000倍液、20%灭扫利2 000倍液、1.8%农克螨2 000倍液、70%克螨特2 000倍液、1.8%阿维菌素乳剂2 000~2 500倍液、25%菊乐合剂1 500倍液喷雾。

四、蚜虫

（一）发生与为害特点

蚜虫常群集在叶片背面和嫩茎上，以刺吸口器吸食植物汁液。其繁殖力强，又群聚为害，常造成叶片卷缩、变形、植株生长不良。幼叶被害时，常卷曲皱缩。受害轻的产生褪绿斑点，叶片变黄，影响正常生长，重者叶片卷缩变形枯萎。同时蚜虫可传播多种病毒，引起病毒病发生。高温高湿条件下易发生，群聚于幼叶叶柄和叶背吸取汁液，使叶卷缩扭曲畸形，分泌蜜露污染叶片，使植株生长衰弱，严重时茎叶停止生长（图6-2-6、图6-2-7）。蚜虫还是病毒病的传播者。

图 6-2-6　蚜虫

图 6-2-7　蚜虫为害的豆角

（二）防治方法

防治蚜牙虫宜及早用药，将其控制在点片发生阶段。

1. 物理防治。利用蚜虫对黄色有较强趋性的原理，在田间设置黄板，上涂机油或其他黏性剂吸引蚜虫并杀灭。利用银灰色遮阳网、防虫网覆盖栽培。利用蚜虫对银灰色有负趋性的原理，在田间覆盖银灰膜，用膜75千克每公顷；或在大棚周围挂银灰色薄膜条（10~15厘米宽），用膜22.5千克每公顷，驱避蚜虫。

2. 药剂防治。喷粉（保护地）：5%灭蚜粉尘剂，每次12~15千克每公顷。熏烟（保护地）：傍晚用80%敌敌畏乳油3.75千克每公顷加锯末适量点燃（无明火），闭棚至第 2 天早晨。喷雾：用 20% 速灭杀丁乳油 2 000 倍液，或 40% 灭杀毙乳油 5 000~6 000 倍液，或 2.5% 天王星乳油 1 500~2 000 倍液，或 50% 抗蚜威 2 000 倍液，或 5 000 溴氰菊酯 3 000 倍液，每隔 1 周喷 1 次，连续喷 2~3 次。

五、潜叶蝇

（一）发生与为害特点

潜叶蝇属双翅目潜蝇科害虫，成虫和幼虫均可为害植物。成虫以口器刺伤叶片，吮吸汁液并产卵。孵出的幼虫潜入叶片为害，致叶片形成弯弯曲曲的白色虫道，严重时叶片潜道密布，一片花白，受害重的叶片脱落、枯死。幼虫在叶片上下表皮之间潜食叶肉，被害叶呈透明空斑，几乎没有绿色部分可见，叶绿素被破坏，影响光合作用。吃尽叶肉后，害虫还可钻进叶柄和茎部为害，致使幼苗折倒、植株枯萎（图 6-2-8、图 6-2-9）。

图 6-2-8　潜叶蝇幼虫

图 6-2-9　潜叶蝇为害豆角叶片

（二）防治方法

（1）物理防治。防治潜叶蝇，应注重清除田间植株残体，集中烧毁或深埋，以减少虫源；适当稀植，增加田间通透性；在田间设黄板诱杀成虫，每亩设 15~20 块黄板。

（2）药剂防治。药剂防治潜叶蝇，可在低龄幼虫高峰期、蛀道不超过 2 厘米时，选用氯虫苯甲酰胺、灭蝇胺、阿维菌素、甲氨基阿维菌素苯甲酸盐、毒死蜱、高效氯氰菊酯、杀虫单、杀虫双等药。喷药最好在上午 8-12 时进行，灭蝇胺和氯虫苯甲酰胺具内吸传导性，对豆角潜叶蝇防效好，持效期长，可以优先选用。

六、美洲斑潜蝇

（一）发生与危害特点

此虫以成虫和幼虫为害。被害叶片的正面形成白色至淡绿色蛇形潜道，潜道内有一条粗细均匀的黑线（粪便），潜道逐渐变成黄白色，严重时整个叶片枯萎，失去食用价值，影响产量和品质。斑潜蝇造成的伤口为其他病菌提供了侵入途径及滋生场所，而其本身还可传带多种病毒，加重对植株的危害（图 6-2-10、图 6-2-11）。由于美洲斑潜蝇是潜叶为害，防治比较困难，因此，对施药品种、施药时间及采收安全期要求比较严格。

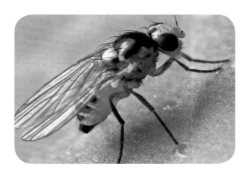

图 6-2-10　美洲斑潜蝇成虫

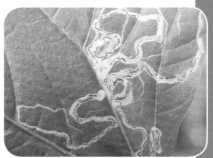

图 6-2-11　美洲斑潜蝇为害叶片

（二）防治方法

加强植物检疫，严格把好植物检疫关，禁比从疫区调入叶菜类蔬菜；瓜、豆类果实及其包装和填充材料调运时必须经过检疫，不得带有寄主植物的叶、茎和蔓等残体；花卉在调运时要实施检疫，合格的产品方可调运。

（1）农业防治。在生产中，每隔 1 周清除大棚或温室等设施内的杂草，摘除病叶，减少或消灭虫源。对于虫害残体，可以浇上煤油或汽油点燃烧毁，也可将其倒入塑料袋，封闭 20~30 天，使虫窒息死亡。

（2）物理防治。根据斑潜蝇具有趋黄的习性，采用黄板诱杀斑潜蝇成虫。在大棚、温室等设施内，张挂两面涂有黄色油漆的废弃纤维板或硬纸板 (1 米 × 0.2 米)，每隔 5~7 天涂 1 层粘油 (用 10 号机油加一点黄油调匀)，连续若干次。悬挂 375 450 块每公顷，置于行间，可与植株高度相同。

（3）化学防治。掌握好用药时间。一般在低龄幼虫时期防治效果明显。通常植株在苗期 2~4 片叶或查出 1 片叶上有 3~5 头幼虫时进行喷药防治。防治成虫一般在早晨晨露未干前，防治幼虫一般在上午 8 时 30 分至 11 时前施药效果最佳。可选用高效、低毒、低残留的化学农药，如 1.8% 阿维菌素 2 000 倍液、斑潜净 1 500 倍液、1.8% 害极灭乳油 3 000 倍液、50% 蝇蛆净 2 000 倍液、威敌内吸杀虫剂 1 000 倍液。注意轮换使用各种药剂，以免产生抗药性。

田间采用"六统一"措施，即统一指挥，统一时间，统一药剂，统一配药，统一施药，统一检查。施药采用从规划防治地区四周统一向中心包围式的施药方法。

七、蓟马

（一）发生与为害特点

蓟马是豆角最主要的害虫之一，也是最顽固的害虫之一，可以为害豆角整个生育期，主要为害其心部，造成豆角卷叶，严重时死心，生长点停止生长；在高温干燥季节常造成豆角的茎尖萎缩、叶片畸形、落花落荚等，严重影响豆角产量和品质，甚至完全失收（图 6-2-12）。

图 6-2-12　蓟马为害豆角

（二）防治方法

（1）合理轮作。建立与非瓜类轮作制度，播种前可用55~60℃的温水浸种15~20分钟灭菌，随即用新高脂膜浸种24小时，并在地表喷施消毒药剂加新高脂膜800倍液对土壤进行消毒处理，消灭播种前土壤、种子中的病菌；播种后及时喷施新高脂膜800倍液保温保墒，防治土壤板结，提高出苗率。

（2）加强田间管理。提高植株抗病能力，科学增施有机肥，适当多施磷钾肥。在生长期适时喷施促花王3号抑制主梢旺长，促进花芽分化；同时在豆角开花前、结荚期和膨果期喷施菜果壮蒂灵，增强花粉授粉质量，促进果实发育，提高豆角品质，达到高产高质豆角。

（3）药剂防治。发病初期应根据虫害喷施针对性药剂（如30%吡虫啉 EC1 000 ~ 1 500倍液、20%啶虫脒可溶性液剂1 000~1 500倍液）进行防治，并配合使用新高脂膜800倍液增强药效，提高药剂有效成分利用率，巩固防治效果。

第三节　豆角生理性病害

一、豆角缺素症

（一）氮素缺乏症及防治

豆角缺氮表现为植株长势弱，叶片薄且瘦小，新叶叶色淡绿，老叶叶片黄化，易脱落，豆荚发育不良，弯曲，不饱满。出现缺氮症状时，及时施用氮肥，每亩追施尿素15千克，或硫酸铵30千克，以穴施或撒施为主，并辅以0.3%的尿素水溶液叶面喷施。

（二）磷素缺乏症及防治

豆角缺磷时，植株生长缓慢，其他症状不明显，叶片仍为绿色。磷肥的施用应以基施为主，前茬作物收获后，豆角播种或定植前，每亩施用磷酸二铵30千克，以沟施或穴施为主，最好与有机肥同时施用。生长中出现缺磷症状时，每亩追施磷酸二氢钾 10 千克，穴施，同时叶面喷施 0.3% 磷酸二氢钾水溶液。

（三）钾素缺乏症及防治

豆角缺钾时下部叶片的脉间黄化，并出现向上翻卷现象。上部叶片表现为淡绿色。出现缺钾症状时，每亩追施 50% 硫酸钾 10 千克，穴施或沟施，辅以浇水，同时叶面喷施 0.3% 磷酸二氢钾水溶液。

（四）钙素缺乏症及防治

豆角缺钙症状一般表现为叶缘黄化，严重时叶缘腐烂，顶端叶片表现为淡绿色或淡黄色，中下部叶片下垂，呈伞状，籽实不能膨大。豆角缺钙容易发生在沙质土壤上，在施用基肥时增加有机肥施用量，中性沙质土壤上，以过磷酸钙作为基肥施用，每亩 40~50 千克。豆角生长中发现缺钙现象，可喷施 0.3% 氯化钙水溶液进行防治。

（五）镁素缺乏症及防治

豆角缺镁主要表现在植株矮小，生长缓慢，下部叶片脉间首先黄化，并逐渐由淡绿色转变为黄色或白色，严重时叶片坏死、脱落。觅豆生长中发现缺镁，可喷施 0.3% 硫酸镁水溶液进行防治。

（六）硼素缺乏症及防治

豆角缺硼主要表现在生长点坏死，叶片硬，易折断，蔓顶干枯，茎开裂，花而不实或豆荚中籽粒少，严重时无粒。在缺硼的土壤上施基肥时，每亩施用硼砂 1.0 千克，与农家肥配施，沟施或穴施。觅豆生长发育期出现缺硼时，用 0.5% 的硼砂水溶液进行叶面喷施。

二、豆角僵苗

（一）症状

豆角僵苗又叫小老苗，是苗床土壤管理不良和苗床结构不合理造成的一种生理障碍。

症状：幼苗生长发育迟缓，苗株瘦弱，叶片黄小，茎秆细硬，并显紫色，虽然苗龄不大，但看似如同老苗一样，故称"小老苗"（图6-3-1）。

图 6-3-1　豆角僵苗

（二）发生原因

（1）苗床气温低，特别是土壤温度低，不能满足豆角根系的基本温度要求。

（2）苗床或种植穴施用未经腐熟或未充分掺匀化肥的有机肥而引起烧根或土壤有机肥施入量少，土壤溶液浓度过高而伤根。

（3）育苗床土质黏重，有机肥施入量少或肥力低下 (尤其缺乏氮肥) 或土壤干旱或在土壤湿度大、或土壤通气不良造成根的吸收能力差或定植后连续阴雨，僵苗发生尤其严重。

（4）定植时苗龄过长，或定植过程中根系损伤过多或整地、定植时操作粗糙，根部架空，根与土壤没有紧密接触，产生吊气伤苗。

（5）地下害虫为害根部。

（三）防治措施

（1）选择疏松、通气性良好的田园土或水稻田土作营养土，同时采用配方施肥，有机肥、大中微量营养元素混合施入，增强土壤缓冲性和保水保肥性，更利于根系的生长。

（2）改善育苗环境，采用地热线或地膜覆盖育苗，提高地温，促进根系发育，培育壮苗。

（3）适时定植，定植时采用高畦深沟，移栽前注意炼苗，适时适量浇水，以免降低苗床温度和地温，不利根系生长；及时埋地热线或增施腐殖酸类肥料如嘉美红利增温促根。

（4）及时及早防治地下害虫。

图 6-3-2　豆角徒长苗

三、豆角徒长苗

（一）症状

徒长是苗期常见的生长发育失常现象。幼苗茎秆细高、节间拉长、茎色黄绿、叶片质地松软、叶身变薄、色泽黄绿、根系细弱（图 6-3-2）。

（二）发病原因

（1）氮肥施用过量，磷、钾、微肥不足。

（2）苗床通风不及时，湿度过大、温度偏高。

（3）播种密度或定苗密度过大。

（4）阴雨天过多或光照不足等原因都是形成徒长苗的主要因素。

（三）防治措施

（1）依据幼苗各生育阶段特点及其适宜温度，及时做好通风工作，尤以晴天中午更应注意。

（2）依苗龄变化，适时做好间苗定苗，以避免相互拥挤。

（3）苗床湿度过大时，除加强通风排湿外，可在育苗初期向床内撒细干土。

（4）阴雨天过多或光照不足时宜延长揭膜见光时间。如有徒长现象，可用矮壮素进行叶面喷雾，苗期喷施 2 次，可控制徒长，增加茎粗，并促根系发育。处理后可适当通风，禁止喷后 1~2 天内向苗床浇水。

四、豆角沤根

沤根是一种生理性灾害。沤根多发生在幼苗发育前期，几乎所有蔬菜幼苗均可受其害，豆类早春苗床发生较重，尤以育苗技术粗放、条件不良的地方极易发生。

（一）症状

发生沤根的幼苗，长时间不发新根，不定根少或完全没有，原有根皮发黄呈锈褐色，逐渐腐烂。沤根初期，幼苗叶片变薄，阳光照射后白天萎蔫，叶缘焦枯，逐渐整株枯死，病苗极易从土中拔起（图6-3-3）。

图6-3-3　豆角沤根

（二）发病原因

（1）是苗床土壤有机质含量低，缓冲性差，土壤过湿缺氧。

（2）床温长时间低于12℃，甚至超越根系耐受限度，使根系逐渐变褐死亡。

（3）遇连阴雨雪天气，光照不足，妨碍根系正常发育。

（4）施入肥料未充分腐熟，床土与肥料混合不匀。

（5）有机肥施入量少，吸附性差，土壤盐量浓度过高造成干旱缺水。

（三）防治措施

（1）防治沤根应从育苗管理抓起，宜选地势高、排水良好、背风向阳的地段作苗床地，苗床土需增施有机肥兼配磷、钾、微肥。

（2）出苗后注意天气变化，做好通风换气工作，可撒干细土或草木灰降低床内湿度。

（3）认真做好保温工作，可用双层塑料薄膜覆盖苗床，夜间可加盖草帘。条件许可，可采用地热线、营养盘、营养钵等方式培育壮苗。

五、豆角落花落荚

（一）发病原因

（1）温度过低或过高。高温（35℃以上）或低温（15℃以下）

图 6-3-4　豆角落花落荚

影响花芽的正常分化，使花器发育不良而出现不孕花，引起落花落荚（图 6-3-4）。

（2）营养不足，尤其是硼、锌、铜、钼元素不足。开花期的落花是由植物体营养生长和生殖生长营养供应发生矛盾所致；中期是由花与花、花与荚、荚与荚之间的养分激烈争夺所致，另外，同一花序中由于营养物质的分配不均也可引起落花落荚。

（3）由缺锌引起的植株赤霉素合成量降低引发，叶柄与茎秆、果柄与果实连接处因缺乏生长素形成离层后脱落。

（4）湿度太高或太低。湿度的高低影响花粉的发芽力，在低温、低湿的条件下影响较小，在高温、高湿或高温干旱时影响较大。若遇高温、高湿，柱头表面的黏液失去对花粉的萌发诱导作用；高温干旱又会使花粉发育畸形，失去生活力。

（5）光照不足，通风不良。豆角对光照强度很敏感，尤其在花芽分化后，当光照强度弱时，同化效率低，落花、落荚数增多。若栽培密度过大，或支架不当，植株下部郁闭，不仅光照不足，而且通风不良，因而下部落花、落荚比上部更多。

（二）防治措施

（1）选用适应性广、抗逆性强、坐荚率高的优良品种，适期播种，使盛花期能避开高温季节。

（2）栽培密度恰当，采用适当的搭架方式，或与矮生作物间作，如菜心、小白菜、花椰菜等，创造良好的通风透光环境，改善光照条件。

（3）加强肥水管理，合理配合施用氮、磷、钾、硼、锌、钼、铜等营养，掌握花前轻施、花后多施、结荚盛期重施的原则，开花后期、结荚期冲施嘉美海洋之星每亩每次 10~15 千克。

（4）开花坐果期出现大面积叶片老化现象，喷施含锌、镁、铁的嘉美金点，加速赤霉素、叶绿素的合成，恢复植株叶片正常生长。

（5）及时采收嫩荚，节省养分消耗。

（6）及时及早防治病虫害，保持植株健壮。

（7）喷施植物生长调节剂和黄腐酸类肥料如嘉美金点，可有效减少落花落荚，提高结荚率。

（8）温湿度管理　在花芽分化期和开花膨果期保护地白天温度严格控制在 25~30℃，夜间为 15~20℃，地温为 18~26℃，土壤含水量控制在 60％左右。

六、豆角弯曲、变细打钩、条形不顺直

（一）发病原因

（1）豆角因营养不良尤其缺乏钾、钙、硼等营养元素，长势弱干物质产生少，豆荚间相互争夺养分，造成部分豆荚营养不良，形成弯曲豆角。

（2）豆角生长期间环境条件发生剧烈变化，如遇连续阴天突然放晴，高温强光引起水分、养分供应不足或整枝、疏果不良如摘叶过多、结果过多等原因而引起曲形豆角。

（3）昼夜温差过大，夜间结露多，使豆角不同部位膨大速度差别较大，在不同的位置会变细打钩。

（4）豆角生长期间受精不完全、行距窄茎叶过密，植株郁闭、通风不良、光照不足、温度变化尤其是高温，或昼夜温差过大过小或地温偏低等条件易发生也极易产生畸形豆角。

（5）结荚前期水分正常，结荚后期水分供应不足，或后期病虫为害伤根容易引起畸形豆角。

（6）豆角在生长过程中，雌花或幼果被架材及茎蔓等遮阴或茎蔓阻挡等机械原因都会造成畸形。

（二）防治措施

（1）保证开花授粉时期条件适宜可以大大减少豆角畸形。

控制好温度：棚内温度夜间要保持在 13~15℃，白天 25~30℃，土壤湿润，空气湿度在 75％左右。

（2）合理施肥，施足底肥，增施有机肥和磷、钾、钙、硼等微肥。追肥采取少量多次的方法，严格控制氮肥施用量，防止植株徒长，大幅度减少豆角畸形。在豆角生长中后期冲施嘉美海洋之星每亩每次 15~20 千克，同时叶面喷施全营养元素肥料嘉美蔬菜金品 3~4 次，在补充植物所需的各种养分同时防止植株早衰，增强后劲延长采摘期，使后期的豆角仍然又长又直。

（3）合理浇水 晴天要注意浇水，防止缺水。浇水要调控浇水量，特别是豆角膨大期切忌缺水或过量，坚持少量多次，用水带肥的原则，建议在生长中后期用嘉美海洋之星膜下冲施，调理土壤，促进根系生长，降低棚内湿度。

第七章　棚室豆角的采后处理、 贮藏和深加工技术

第一节　豆角采后保鲜技术

豆角以食用鲜嫩豆荚为主，由于豆角以食用豆荚为主，豆角豆荚组织幼嫩、呼吸强度高，极不耐储运，一般货架寿命只有2~3天，采收后如不及时进行商品化处理，短时间内就会出现萎蔫、褪色、腐烂等现象，造成资源的极大浪费，所以豆角的供应具有极强的季节性和区域性。

一、豆角采后保鲜技术的研究现状

1. 豆角物理保鲜技术研究现状

贮藏温度对豆角采后的生理特性和食用品质有着至关重要的影响。研究结果表明，豆角的最佳贮藏温度为（8±1）℃，在此条件下能够降低豆角豆荚的质量损失率，减缓豆荚中纤维素、维生素 C 和叶绿素含量的下降，抑制其呼吸速率，维持豆荚细胞膜的完整性，使豆角的贮藏寿命长达 12 天。

包装方式对豆角的采后营养品质也有重要的影响，在（12±2）℃贮藏温度下，采用 0.02 毫米透湿薄膜袋，可明显降低豆角的质量损失率，延缓纤维素含量的上升，较好地保持叶绿素和维生素 C 含量，较好地保持豆角的品质。

热水处理对豆角的贮藏品质也有重要的影响，豆角经过 50℃热水处理 20 分钟后，在（1±1）℃贮藏，能够显著抑制豆角豆荚的呼吸强度、质膜相对透性、过氧化物酶（POD）活性和多酚氧化酶（PPO）活性，同时还可较好地减缓豆角豆荚营养品质的下降，提高保护酶苯丙氨酸解氨酶（PAL）活性，延缓豆角豆荚

采后衰老速度，有利于延长贮藏期限和保持豆角豆荚原有的风味与品质。

与冷藏相比较，气调贮藏更有利于豆角的采后生理特性和营养品质的保持。分别采用气调贮藏［气体成分 $3\%O_2$+$1\%CO_2$+$96\%N_2$；温度（9.0 ± 0.5）℃］可以降低质量损失率、腐烂率和纤维素的积累，保持较高的还原糖和叶绿素含量；抑制豆角的呼吸强度，减少超氧阴离子、过氧化氢和丙二醛的积累。气调包装的豆角在 10℃条件下的贮藏寿命分别为 20 天，豆荚的质量损失率仅为 12.63%，好果率达 96.2%，豆角营养品质损失少。

2. 化学保鲜技术研究现状

6-BA 作为一种新型的保鲜剂，能够抑制植物的呼吸和乙烯的合成，能够有效保持果蔬的颜色。气味等品质，减缓果蔬采后的成熟衰老过程。

1-MCP 处理豆角能够较好地抑制豆角的采后成熟衰老，在（14.3 ± 2）℃的情况下，0.5 微升每升的 1-MCP 处理豆角能较好地保持其叶绿素、蛋白质、VC 的含量，降低锈斑指数和纤维素含量的上升，抑制呼吸强度的增加和丙二醛的积累，有利于保持豆角贮藏过程中的外观和营养品质。

胡椒碱对豆角也有保鲜作用。当胡椒碱质量分数为 0.07% 时，豆角的质量损失率、维生素 C 含量、总糖含量的变化幅度最小，保鲜效果最好，保鲜期可比对照豆角延长 2 天。用胡椒碱 - 乙醇水溶液浸泡的豆角，在表面形成一层薄膜，可有效控制空气交换和细菌等的侵入，延缓其熟化过程而发挥其保鲜功效。

二、豆角的采后处理、贮藏、运输

（一）采收

豆角采收一般在开花后 10~15 天，嫩荚发育充分饱满，荚肉充实、脆嫩，荚条粗细均匀，种子显露而微鼓，荚果由深绿色变为淡绿色，并略有光泽时采收。采收过早，荚太嫩产量太低，采收过晚，豆荚里籽粒已充分发育，豆荚纤维化、变坚韧，食用品质变劣。

采收时，不要损伤其他花芽和小豆荚，更不能连花序一齐摘掉，应按住豆荚基部，轻轻向左右扭动，然后摘下。在豆角的采收期一般2天或3天采收1次，盛荚期可每天采收1次。采收嫩荚一般在下午或傍晚进行，采收期要严格执行农药安全间隔期。

（二）预冷

　　采收的豆荚应尽快除去田间热，采后立即预冷，使豆温降至10℃左右。方法可采用自然冷却、风冷、人工冷库降温或真空冷却等。一般菜农在产品少时，多采用自然冷却，或用鼓风机通风冷却。有条件的蔬菜基地或大批量生产的单位可建立人工冷库进行预冷，速度快，效果好。

（三）分级

　　预冷后对产品进行挑选、分级和包装。豆角以色正条匀、肉厚籽小、色不黄、无虫咬为佳品。豆角品质的基本要求为：新鲜洁净，无异常气味或滋味，不带不正常的外来水分，细心采摘，充分发育，具有适于市场或贮存要求的成熟度。

　　特级标准：具有品种固有的形状及色泽，豆荚均匀、幼嫩，无擦伤、无软化、无凋萎，无折断及病虫害、无药害及其他伤害。

　　一级标准豆荚正常，具有品种固有色泽，基本幼嫩，无擦伤、无软化、无凋萎、无折断及病虫害。

　　二级标准：同一品种，次于一级，但仍保持本品种果实的基本特征，仍有商品价值。

（四）包装

　　豆角的包装(箱、筐)应牢固，内外壁平整，包装容器保持干燥、清洁、无污染，塑料箱应符合克B/T 8868的要求。每批报验的豆角其包装规格、单位净含量应一致，逐件称量抽取的样品，每件的净含量不应低于包装标识的净含量。豆角可用塑料筐或瓦楞纸箱包装，每筐(箱)装至容量的3/4即可，筐上部覆盖一层纸，然后放在冷凉条件下等待运输或贮藏。包装上的标志和标签应标明产品名称、生产者、产地、净含量和采收日期等，字迹应清晰、完整、准确。

小包装是商品进入市场的包装材料，不仅要求有利于豆荚保鲜，并且卫生无毒，而且要求外形和印刷精美，并尽可能让顾客看清豆荚的情况，一般采用无毒塑料制成。包装时注意轻拿轻放、戴手套，尽量防止对产品造成新的机械损伤。

（五）贮运

豆角收获后应尽快整修，及时包装、运输。运输时要轻装、轻卸，严防机械损伤。运输工具要清洁卫生、无污染、无杂物。短途运输要严防日晒、雨淋。长途运输要注意采取防冻保温或降温措施，防止冻害或高温霉烂。贮存应保证有阴凉、通风、清洁、卫生的条件。防止日晒、雨淋、冻害以及有毒、有害物质的污染。堆码整齐，防止挤压等造成损伤。

短期贮存应按品种、规格分别堆码，要保证有足够的散热间距，豆角贮藏温度不能太低，以 5~7℃为宜，空气相对湿度 85%~90%。在自然条件下，豆角只能贮藏 1 周左右，在适宜的温湿度条件下可贮藏 2~3 周。

第二节　豆角的深加工技术

随着各地豆角市场需求不断加大，种植面积和产量大幅度增加，使得蔬菜异地销售如跨市，跨省已成常态；又由于市场变化，也经常出现产品过剩，供过于求的情况。针对上市集中、价格低廉的情况，将新鲜豆角进行深加工，不但可以提高经济效益，还可以出口创汇，国内国外市场前景非常看好。

豆角除了鲜食外，还有很多其他的食用方法，发达国家普遍通过脱水、冷冻等方式对其进行加工。此外，豆角还可以进行腌制，腌制豆角因其风味独特、营养丰富、加工方便，深受消费者喜爱。我们对一些主要的豆角深加工技术进行了介绍。

一、豆角干的加工与储藏

（一）品种选择

长豆角按嫩荚颜色分青荚、白荚和红荚三种类型。青荚种嫩荚细长、深绿，加工后颜色墨绿；白荚种嫩荚肥大，浅绿或绿白色，加工后颜色碧绿；红荚种荚果紫红色，较粗短，不适于加工。以白荚种加工后颜色最美观。

（二）原料选择与处理

选择当天采收，荚色浅绿，荚长、直、匀称，不发白变软，种子未显露的鲜嫩豆角。去除病虫荚、老荚、杂物及青荚、红荚等杂种，使颜色均匀一致，摊开堆放，以免发热。清洗去除附着在豆荚表面的灰尘、污物及部分农药残留。清洗的水中通常要加入清洁剂，常用的清洁剂为偏硅酸钠。清洗过程中，豆荚在水中浸泡的时间不宜过长，否则会造成营养成分的损失及吸收过多的水分。采收的豆角鲜嫩荚大多带有梗和开萼，因此要进行切分以保证完全去除头部的梗和尾部的花萼。若尾部的花萼去除不干净，脱水后会黏附在豆角表面，呈现红色，影响到成晶的色泽。切口要锋利，钝刀切割的豆角，切面受伤多，容易引起变色。

（三）热烫

用相当于豆角重量 8 倍的水，放在锅内，每 200 千克水中加入 25 克 0.1% 食用小苏打保绿，加热烧开，将新鲜的豆角倒入沸水中热烫，豆角要全部浸入水中，翻动数次，使其受热均匀，熟而不烂，时间一般为 3 分钟。色泽是判断干豆角品质、新鲜度、营养和卫生的最重要指标，干豆角加工的护色主要是对加工过程中叶绿素的降解加以控制，达到成品鲜绿的要求。在加工烫漂中一般采用食用苏打（碳酸氢钠）作为护色剂。因为在碱性条件下叶绿素比较稳定。

（四）冷却

1.水冷

将热烫后的豆角迅速用冷水浸漂，以防止余热持续作用，同时也可以除去豆角所排出的黏性物质。把经冷却过的豆角角用竹席摊放在室内，用200克每立方米硫黄燃烧熏制，可防止干燥时氧化变色及腐烂变质，并减少维生素C的损失，还可促进干燥速度，成品的复水性能较好。

2.风冷

将烫漂的热豆角嫩荚迅速用冷风吹凉。根据试验，与清水冷却相比，风冷能够降低10%左右的水分，并能节省部分人工。风速越高，脱水越多，冷却效果越好。

（五）烘干

豆角烘干分3次进行：第1次，将冷却后的豆角连竹筛迅速放入烘灶，厚度为每平方米竹筛放7千克豆角，温度为90~98℃，时间为40~50分钟；第2次烘干厚度为每平方米竹筛放14千克豆角，温度为90~98℃，时间为30分钟；第3次烘干，厚度与第2次相同，温度为70~80℃，直到烘干为止，时间一般

图 7-2-1　豆角烘干机

图 7-2-2　烘干后豆角

为 3 小时左右。2 次烘干间隔时间为 1~2 小时，在烘干过程中火力要均匀，并翻动上下层竹筛 1~2 次，使其受热均匀，豆角的折干率为 10~11 ：1。另外，也可用太阳晒干，但颜色为淡棕色，烘干比晒干经济价值高（图 7-2-1、图 7-2-2）。

（六）回软

将烘干的豆角干冷却后，堆成堆，用薄膜覆盖，使各部分含水量均衡，时间一般 3~5 天。

（七）包装

将豆角干中一些外观不符合要求的去除，整理成束，用符合食用标准的薄膜包装，封口，一般每袋 10~20 千克；或加工成 6 厘米长的小段，采用塑膜真空包装，每包 250 克或 500 克定量包装，便于销售和消费者携带。

（八）贮藏

（1）水分要求。干豆角含水量对其贮藏效果影响最大。含水量过高会使干豆角品质严重下降，甚至产生腐烂。当含水量低于 6% 时，可大大减轻贮藏期的变色和维生素的损失。干豆角成品水分一般都应控制在 7% 以下。

（2）贮藏温度。贮藏温度越低，能保持干豆角品质的时间就越长。贮藏温度最好为 0~5℃，不宜超过 14℃。

（3）相对湿度。如果相对湿度高，很易造成吸湿。贮藏环境的空气越干燥越好，干豆角含水量越低，要求空气的相对湿度相应降低，正常情况下，相对湿度要控制在 65% 以下。

（4）光照。如包装材料不遮光，则要求贮藏环境必须要避光。因为干豆角中的叶绿素在光照条件下会产生分解，使得产品的色泽变褐。

（5）贮藏环境。贮藏干豆角的仓库要求干燥、通风良好、清洁卫生，并有防鼠设施。要经常注意库内温度与湿度的变化，检查产品的品质，防止害虫及鼠类危害。

图 7-2-3　豆角脆片

二、豆角脆片加工技术

豆角干脆食品，不但能够满足市场需求，使企业获得高附加值和可观利润，还有效解决了豆角产量过剩等问题，对产、加、销一体化的农业具有借鉴意义（图 7-2-3）。

（一）豆角脆片的加工技术

1. 生产工艺流程

原料挑选→洗涤→去头→段切→杀青→冷却沥水→冻结→浸渍→真空油炸→挑选→包装→装箱→入库→出厂。

2. 操作要点

（1）原料挑选、洗涤。选无病虫害、无霉烂、完整、色泽正常的新鲜长豆，使用流动的清水洗涤豆荚，使之无农药残留、无泥沙等。

（2）去头。去除豆荚的头部，必须干净整齐。

（3）段切。将豆荚段切成 4~6 厘米的小段。

（4）杀青。杀青温度：（98±2）℃，杀青时间：90~120 秒，每隔 30 分钟检测一次杀青温度，杀青温度不足时应立即停止杀青以免影响质量。

（5）冷却沥水。用流动水将豆角冷却至 35℃ 以下，产品冷却后放置沥水 3~5 分钟。

（6）冻结。将冷库的库温稳定控制在 −10℃ 以下，保持 2 小时以上。

（7）真空油炸。将原料装入放进油炸罐内，立即关闭密封门抽真空，在 10~100 毫米汞柱真空度下，控制循环系统，再将贮油罐预热好的油输入油炸罐。加热油炸罐，在真空低温下油炸原料脱水。探索油炸温度和油炸时间等参数条件，我们生产出了豆角干脆食品。选用例如大豆油色拉油、菜籽油、色拉油等植物油进行油炸，最好选用色淡、不挂油的色拉油。油炸时一次用油不宜太少，油炸温度可在 70~80℃，投料后油温会下降。但随着原料中的水分蒸发，油温逐步上升，可将油炸温度调整至 70℃。油炸时间约为 10~15 分钟。

3. 半成品贮藏

半成品入库：将放置半成品仓库的库温保持在 20~25℃，湿度保持在 50%，同时注意防虫、防鼠。

4. 成品挑选、包装

（1）挑选。剔除色泽不良、含有杂质、切段不整齐等不良品。

（2）包装。包装一般用真空铝塑膜包装，保质期 3 个月。在包装前，要将包装车间地面、工作台、输送带、电子秤表面进行清洗消毒，然后进行紫外灯消毒，时间 30 分钟；包装用的 PP 托盘、干燥剂、PE 塑料包装袋、PE 天罐也需要在紫外灯照射 30 分钟后，再用于包装产品。

（3）封口。封口要良好，避免假封。打印生产日期要清晰，避免模糊不清。

（4）装箱。装箱要小心，以免折断脆片，内外标识（产品名称、包装日期）要一致。

5. 入库贮藏

将放置成品仓库的库温保持在 20~25℃，湿度保持在 65% 以下，同时注意防虫、防鼠。

（二）豆角脆片产品质量指标

1. 感官指标

成品的豆角脆片，呈深绿色且无斑点，无明显油炸味，具有豆角本身的天然清香兼有油炸食品的特点，口感酥脆。

2. 理化指标

采用该工艺流程得到的豆角脆片，大大减少天然色素与芳香物质的损失，抑制了微生物和酶的有害作用，充分保持蔬菜原有的色泽与香味，并有松脆的口感，使其具有低脂肪、低热量、高纤维、富含维生素和多种矿物质、不含人工合成添加剂、携带方便、

无传统油炸可能致癌、无油腻、保存期长等特点。

三、豆角晒制加工

　　晒制的豆角干多以家家户户分散加工为主，很少有标准化、规模化和工厂化的生产。我国西部豆角主产区相对东部而言，在劳动力及土地成本等方面要低廉得多，而且天气较干旱，鲜豆角水分含量较低，易于加工且干制率高，在生产上具有较大的优势。晒制豆角干多以农贸市场销售为主，超市销售和出口都很少（图7-2-4）。由于脱水豆角在色泽、品质和复水性等方面都大大超过了晒制的豆角干，随着我国经济快速发展和人民生活水平的不断提高，这种晒制的豆角干正在逐步被脱水豆角所取代。豆角干的晒制生产受制于天气，很难形成质量稳定的产品，也进一步限制了这一产品的发展。晒制豆角干的生产技术比较简单，其工艺流程为：鲜嫩荚采收→清洗→烫漂→晒干→包装贮藏。晒制豆角干加工的关键是掌握好烫漂技术。若烫漂不够，则晒制后的豆角干很容易变白，且复水性很差；若烫漂时间过长，则产品又会变烂，质量受到严重影响。

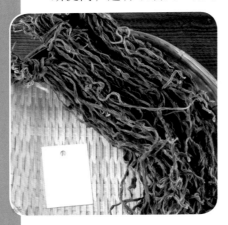

图 7-2-4　豆角晒干制品

四、豆角腌制加工

　　豆角质地脆嫩，含水量不高，适宜进行腌制加工（图7-2-5）。腌制豆角生产在我国比较普遍，但多以散装形式进入市场，品牌小包装的腌制豆角系列产品不多。在腌制过程中要注意亚硝酸盐的安全问题。豆角腌制最初的一段时间里会产生大量亚硝酸盐，并有一个高峰持续期。高峰持续期的长短与腌制时的温度有关，在较低温度下，高峰期出现迟，但峰值高，含量也高。亚硝酸盐含量主要聚集在高峰持续期，只要避开这个时期，食用就比较安全。腌制豆角小包装系列产品加工的工艺流程为：原料采收→预处理(除杂、清洗等)→腌制→浸漂→切分→调味→真空包装→灭菌→冷却→包装贮藏。其中腌制、调味和灭菌工序是整个加工过程的关键，是保证腌制豆角品质的核心环节。为了保持腌制豆角的脆性，一般在渍制过程中可加入具有硬化作用的物质，如氯化钙等。

图 7-2-5　豆角腌制品

五、豆角速冻加工

我国生产的速冻豆角以出口日本为主，在国内市场上占有率极低。但是，随着人们消费观与价值观的不断转变，速冻豆角在国内也有很大的市场潜力。豆角速冻加工的工艺流程为：预处理（去杂、拣选、清洗等）→烫漂→冷却→速冻→包装→冻藏。在冻结机械上，普遍应用流化床式冻结装置，主要生产设备有进料输送机、果蔬浮洗机、烫漂器、水冷却器、检验带、沥水及均匀进料提升机、冻结器和包装机等。冻结器作为速冻加工的关键设备，一般采用空气强制循环，如隧道式连续速冻器、螺旋式连续速冻器和流化床式速冻器等。而流化床速冻器是目前单体速冻工艺条件下的主流设备。沥干后的豆角装盘或装筐后，需要快速冻结，力争在最短的时间内使其迅速通过冰晶形成阶段（$-0.5\sim-35℃$），这样才能保证速冻豆角的质量。包装条件对于速冻豆角的贮藏非常重要，好的包装可以防止豆角水分的蒸发而形成干燥状态，防止产品在贮藏中因接触空气而氧化变色，便于运输和销售。包装规格可根据供应对象而定，零售的装量为 0.5 千克每袋或 1 千克每袋，宾馆、酒店用的可装 5 千克每袋至 10 千克每袋。包装后若不能及时外销，需放入 $-18℃$ 的冷库贮藏，冷藏期可达 8 个月以上。

六、豆角汁加工

豆角汁是用新鲜豆角经过拣选、洗净后，再榨汁或提取的汁液，在营养和风味上都和新鲜的豆角比较接近。豆角可理中益气、补肾、健脾胃，有一定的药用和保健价值，适宜生产豆角汁保健饮料。豆角原汁生产工艺为：鲜嫩荚→清洗→破碎→加热→冷却→打浆→榨汁→浓缩→脱气→杀菌→贮藏。

七、豆角超微粉加工

将果蔬加工成固体果蔬粉的加工方式越来越受到重视。果蔬粉就是将新鲜果蔬用热风干燥或真空冷冻干燥后粉碎成粉，其水分含量低于6%，不仅最大限度地利用了原料，而且这种产品易于贮藏和运输。果蔬粉还能应用到食品加工的各个领域，用于提高产品的营养成分、改善产品的色泽和风味以及丰富产品的品种等，主要可用于面食、膨化食品、肉制品、固体饮料、乳制品、婴幼儿食品、调味品、糖果制品、焙烤制品和方便面等。根据豆角的特性和营养成分，豆角干制后十分适宜加工成豆角粉，市场前景广阔。

第八章　豆角良种繁殖

豆角与菜豆同为豆科蔬菜，属自花授粉作物，种子的自然杂交率低，良种的繁殖较容易。在生产上，种子繁殖通常不设采种区，只结合豆角生产选种留种。专门从事繁殖良种的种子企业和良种选育单位，为确保种子质量，都建有良种繁殖基地。

豆角繁殖良种，大都安排在春季播种，夏季生长结荚繁殖种子。在留种田内，两个品种的间隔距离在 100 米以上，留种时，应选择在植株生长健壮、无病、结荚率高并具有本品种的标准性状的种株留种。种株要及早摘心，及时拔除病株和杂株。种荚多从健壮种株第 3~4 节以上的节位选留种荚。种荚也要无病无虫，具有本品种的标准性状。种荚表皮颜色、头尾大小、籽粒大小一致，排列整齐，种荚表皮变淡黄白色、种子充分膨大时采收。分期分次采收，有利于提高种子产量。

在种荚成熟后，要经常检查种荚生长情况，因为豆角种荚长，种荚长期接触湿润的地面，会引起种荚腐烂，致使子粒在荚内发芽。因此在种荚成熟前，应注意及时将接触地面的种荚提起挂在支架或叶柄上，防止种荚腐烂、种子发芽，丧失种子利用价值。

豆角种荚采摘后，要挂在通风、阴凉、避雨的敞棚内后熟几天，待种荚风干后脱粒。不宜在烈日下暴晒，以免形成硬实种子。也要防止种子受潮，引起种子发霉，降低种子质量。种子脱粒风干后，含水量不超过 14% 时装袋入库贮存。

豌豆象是豆角种子贮藏的大敌，要及时防治。少量采种时，在采种子脱粒后半月内，幼虫尚未变成成虫时，用水烫的方法，杀灭豌豆象的幼虫。大量采种时，种子风干后，种子贮藏库内要保持空气干燥，并用敌敌畏或乙膦铝等药剂熏蒸杀虫。种子需要销售时要进行精选、分级、装袋，标明种子生产日期、繁殖地点、种子质量、种子名称等。

附 录

温室豆角绿色食品栽培技术规程

1 产地环境

环境质量符合 NY/天 391 的要求。

2 茬口安排

春提早豆角，1 月上中旬育苗，2 月上中旬定植；秋延晚豆角，8 月上中旬育苗，9 月上旬定植。

3 品种选择

要选择耐低温、耐弱光、抗病、结荚节位低、产量高的品种。

4 育苗

4.1 育苗设施

根据不同季节选用日光温室、拱圆大棚等育苗设施，育苗设施应配有防虫遮阳设备，对育苗设施进行消毒处理。

4.2 营养土

应选用无病虫源的大田土、腐熟的农家肥、草木灰、复合肥等，按土肥 6：4 的比例配制营养土。要求疏松、保肥、保水，营养完全。将配制好的营养土装入营养钵中，摆放入苗床中待用。

4.3 苗床

用福尔马林 100 毫升每平方米加水 3 升喷洒床土，盖塑料薄膜闷 3 天后揭膜，待气体散尽后播种。

4.4 种子处理

选择有光泽、籽粒饱满、无病斑、无虫伤、无霉变的种子。播种前晒 1~2 天，以提高发芽势和发芽整齐度。

将选好的种子放入 25~30℃的温水中浸泡 2h，然后捞出进行催芽。为避免烂种，须采取湿土催芽，即将催芽盘底先铺一层薄膜，后在其上撒 5~6 厘米厚的细土，用水淋湿，将种子均匀地播在细土上，再覆盖 1~2 厘米细土，然后盖一层薄膜保温保湿。在 20~25℃条件下，3 天可出芽。

5 播种

5.1 播种期

根据不同的茬口安排进行播种。

5.2 播种方法

当芽长 1 厘米左右时播种。每钵播两粒发芽的种子，播后盖 2 厘米厚的湿润细土。

6 苗期管理

播种后苗床覆盖塑料薄膜。白天温度控制在 20~25℃，夜间 15~18℃。若发现幼苗徒长时，应降低床温并控制浇水。

7 定植前准备

7.1 施基肥

肥料的选择和使用以有机肥为主，氮、磷、钾配合施用，应符合 NY/T394 的要求。定植前施足基肥，一般施用腐熟鸡粪每亩 4000 千克，配合施用尿素每亩 15 千克，磷酸二铵每亩 15 千克，硫酸钾 10 千克每亩，撒匀后深翻整细。

7.2 起垄

按大行距 70 厘米，小行距 50 厘米起垄，垄高 20 厘米。

7.3 棚室消毒

一是高温闷棚，浇足水后覆盖大棚膜和地膜进行高温闷棚 5~7 天，杀灭棚内病菌和虫卵。

二是棚室在定植前要进行消毒，用 50% 辛硫磷乳油 250 克每亩拌上锯末，与 2~3 千克每亩，硫黄粉混合，分 10 处点燃，密闭一昼夜，放风后无气味时定植。注意金属骨架棚室不能用硫黄粉熏蒸。

8　定植

苗龄 25 天左右，幼苗长出第二复叶时定植。采用大小行栽培，覆盖地膜；每穴双株，穴距 30~35 厘米，定植 6 300~7 400 株亩。

9　田间管理

9.1　前期管理

适当控制浇水，需进行 2~3 次中耕，促进根系和茎叶生长。白天保持棚内气温 20~25℃，夜间 12~15℃。白天气温超过 25℃时应及时通风。

9.2　抽蔓期管理

抽蔓期追施一次速效氮肥，追施尿素 10 千克每亩，追施后浇一次水。接近开花时要控制浇水，做到浇荚不浇花。并及时搭架或用吊绳吊蔓栽培。

9.3　开花结荚期管理

白天棚内气温 20~27℃，夜间 15~18℃，草苫要早揭晚盖，尽量使植株多见光，延长见光时间。采收期，一般 7 天左右采收一次，采收后追施磷酸二铵 10 千克每亩，共追施 4 次，每次追施肥后随即浇水，但要注意冬季阴冷雨雪天气不能追肥、浇水。

9.4　CO₂施肥

可安装 CO_2 施肥器或埋施 CO_2 颗粒肥的方法补充 CO_2，使棚内 CO_2 浓度达到每升 1 000~1 500 毫升。

10　病虫害防治

10.1　主要病虫害

主要病虫害：锈病、细菌性疫病、炭疽病、根腐病、蚜虫、潜叶蝇、白粉虱和叶螨等。

10.2　防治原则

预防为主，综合防治，坚持以"农业防治、物理防治、生物防治为主，化学防治为辅"的无害化防治原则，农药施用符合 NY/ 天 393 规定的要求。

10.3　农业防治

10.3.1 选用抗病品种

针对当地主要病虫害，选用高抗品种。

10.3.2 创造适宜的生育环境

铲埂除蛹、铲除田边地头和渠埂上杂草，降低越冬虫口基数。培育适龄壮苗，提高抗逆性，控制好温度和空气湿度，适宜的肥水，充足的光照和二氧化碳。通过放风等措施。调节不同生育时期的适宜温度。避免低温和高温障碍。高坡栽培。控制湿度。

10.3.3 耕作制度

实行严格的轮作制度，与非豆科作物轮作 3 年以上。

10.3.4 科学施肥

增施充分腐熟的有机肥料，氮、磷、钾肥合理配比，配以叶面追以肥，均衡施肥。

画说棚室豆角绿色生产技术

10.4 物理防治

10.4.1 设施防护

大型设施的防风口用防虫网封闭，夏季覆盖防虫网和银灰色遮阳网进行避雨、遮阳、防虫栽培，减轻病虫害的发生。

10.4.2 诱杀害虫

采用黑光灯、频振式杀虫灯、糖醋液、性诱剂等进行诱杀鳞翅目害虫成虫。采用黄板诱蚜、潜叶蝇等，防控其为害。

10.5 生物化学防治

10.5.1 天敌

积极保护利用天敌，放养天敌防治病虫害。

10.5.2 药剂防治害虫

蚜虫：采用10%吡虫啉可湿性粉剂2 000~3 000倍液，5%天然除虫菊素乳油500倍液，或0.3%印楝素乳油500倍液喷雾。

白粉虱：采用2.5%联苯菊乳油2 000~3 000倍液，或10%吡虫啉可湿性粉剂2 000~3 000倍液喷雾。

潜叶蝇：用1.8%齐墩螨素乳油2 000~3 000倍液，或48%毒死蜱乳油1 000倍液喷雾。

叶螨：用25%灭螨猛可湿性粉剂500倍液，或1.8%齐墩螨素500倍液喷雾。

10.5.3 根腐病

采用75%甲基托布津可湿性粉剂500倍液，或50%多菌灵可湿性粉剂500倍液灌根。

10.5.4 锈病

采用40%福星乳油2 000倍液，或25%粉锈宁1 000倍液进行喷雾。

10.5.5 灰霉病

采用6.5%乙霉威粉每亩1千克喷粉，或50%腐霉利可湿性粉剂1 500倍液，或50%乙烯菌

核利可湿性粉剂1 000倍液，或2%武夷菌素水剂100倍液

喷雾。

10.5.6 细菌性疫病

采用77%可杀得可湿性粉剂600倍液，或72%硫酸链霉素可湿性粉剂2 000倍液喷雾。

10.5.7 炭疽病

采用80%炭疽福美可湿性粉剂1 000倍液，或70%代森锰锌可湿性粉剂1 000倍液，或25%嘧菌酯2 000倍液，或50%咪酰胺1 500倍液进行喷雾。

11 采收

11.1 产品质量标准

按NY/天748执行。

11.2 采收

及时采收嫩荚，有利于提高产量，在采收初期和后期可3~4天采收一次，结荚盛期可2~3天采收一次，最好在下午进行采摘，要注意保护茎蔓和叶片。临时贮存应在阴凉、通风、绿色、卫生的条件下，防日晒、雨淋、冻害及有毒有害物质的污染。

12 废弃物处理

对已用的薄膜进行回收统一处理。对每次摘除的病叶、病果、病株等，对每次收割后的残枝败叶和杂草，以及对收获的新鲜芸豆秧，清理移出温室外统一处理。

13 包装

应符合NY/天658的要求。

14 贮运

应符合NY/天1056的要求。

参考文献

陈国宝, 周大云. 2005. 多种多样的豇豆加工技术 [J]. 农产品加工
(8):42– 43.

程小兵, 熊建华. 2017. 豇豆的贮藏和脆片加工技术 [J]. 中国果菜,
37(1):8–10.

董春英. 2015. 塑料大棚早春豆角的栽培技术 [J]. 种植技术 (10):59.

董子恒. 2012. 日光温室冬春季长豆角栽培技术 [J]. 吉林蔬菜 (4):4–5.

高金龙, 李春燕, 李育军, 等. 2008. 我国长豇豆育种现状及育种策
略 [J]. 长江蔬菜 11b:1–3.

刘斌, 包义峰. 2015. 大棚豇豆春季提早栽培技术 [J]. 上海农业科技
(6):84–85.

王迪轩. 2009. 豇豆采后处理技术 [J]. 蔬菜 (8):27.

王义. 2016. 温室豆角绿色食品栽培技术规程 [J]. 新疆农业科技
(1):34–35.

徐艳文, 张忆洁, 宋芳芳. 2016. 速冻豇豆加工技术 [J]. 农村科技
(7):62–63.

杨力, 张民, 万连步. 2006. 菜豆、豇豆优质高效栽培 [M]. 济南：山
东科学技术出版社.

张娟. 2016. 日光温室豇豆主要病虫害无公害防治技术 [J]. 甘肃农业
(2):48–49.

赵莹. 2015. 豇豆主要病虫害及其防治措施 [J]. 上海蔬菜 (4):60.

左进华, 王清, 高丽朴. 2014. 豇豆采后保鲜技术的研究现状 [J]. 农
产品加工 (11):52–54.